LA STIMMIMACHIE, OV LE GRAND COMBAT DES MEDECINS MODERNES TOVCHANT L'VSAGE DE L'ANTIMOINE.

Poëme Historicomique,

DEDIE' A MESSIEVRS LES Medecins de la Faculté de Paris.

Par le Sieur C. C.

A PARIS,
Chez IEAN PASLE', au Palais, dans la Gallerie des Prisonniers, à la Pomme d'Or Couronnée.

M. DC. LVI.

AVEC PRIVILEGE DV ROY, ET APprobation des Docteurs en Medecine.

RESPONSE, ET REMERCIMENT SUR LE CHAMP, A MONSIEUR SCARRON.

SONNET.

GEnie excellent du Burlesque,
Estonnement de nos esprits,
Qu'Apollon a dépeint à fresque
Dans le temple du Dieu du ris;

Un Pedant au style crotesque
M'ayant meschamment entrepris,
Le courage me manquoit presque
Pour pousser plus loin mes escris.

Mais ta Muse au besoin m'a servi de Minerve;
Elle a fortifié ma languissante verve,
Et m'a fait un rempart de son puissant aveu.

N'ay-ie doncq pas trouvé mesme effect dans ta veine
Qu'en cette curieuse, & celebre fonteine,
Où les flambeaux esteins reprenoient nouveau feu?

C.C.

EXTRAICT DV PRIVILEGE
Du Roy.

PAR grace & Priuilege du Roy, Il est permis à Iean Paslé Imprimeur & Libraire à Paris, d'imprimer ou faire imprimer vendre & debiter en vne ou plusieurs parties, vn liure intitulé, *La Stimmimachie, ou le grand Combat des Medecins touchant l'vsage de l'Antimoine, Poëme Histori-comique, composé par le Sieur C. C.* & ce pour le terme & espace de six ans, à compter du iour qu'il sera acheué d'imprimer, auec defence à tous autres de quelque qualité & condition qu'il soient de l'imprimer ou faire imprimer, vendre & debiter sans le consentement dudit Paslé, à peine de quinze cens liures d'amende, confiscation des exemplaires, & de tous despens dommages & interests, ainsi qu'il est plus au long porté par lesdites lettres de Priuilege, Donné à Paris le 24. iour de Nouembre, l'an de grace 1655. & de nostre regne le 13.

Par le Roy en son Conseil. MAILLARD.

Registré sur le Liure de la Communauté le dernier Decembre 1655. conformement à l'Arrest du Parlement du 9. Avril. 1653.

BALLARD, Syndicq.

Acheué d'imprimer le 8. iour de Mars 1656.

Les Exemplaires ont esté fournis.

A LA PLVS GRANDE ET PLVS SAINE PARTIE DES MEDECINS ORTHODOXES DE LA FACVLTE' DE PARIS, APPROBATEVRS DE l'vsage de l'Antimoine.

MESSIEVRS,

Vostre party est si iuste, & si bien appuyé de l'experience, & de la rai-

son, qu'il ne peut faire naistre aux bons Esprits aucun scrupule de s'y engager, ou de donner leurs suffrages en sa faueur. La probité de vos mœurs, & la verité de vostre doctrine estant vniuersellement connuës, & approuuées, sont capables de persuader à tout le monde que ce fameux Mineral, que l'on appelle Antimoine, pourroit receuoir entre vos mains des qualitez bien-faisantes, & salutaires, quand la nature luy en auroit autant donné de veneneuses, que la calomnie de ses Aduersaires luy en a faussement attribuées.

De moy, ie ne me tiens pas peu glorieux d'auoir esté en partie l'objet de leurs médisances, & d'auoir essuyé quelques-vns de leurs iniustes reproches, pour auoir donné des loüanges à l'vsage de ce remede, dont j'ay plusieurs fois experimenté des effects puissans, & auantageux pour la parfaite guerison de quelques fiévres opiniastres, & rebelles, dont j'ay esté garenti par son merueilleux secours.

Trop de personnes considerables, & de condition rendent tesmoignage de cette verité pour en douter, ou pour ne la pas croire autentique: mais ce qui l'authorise encore mieux, ce sont les Ordonnances mesmes de ces faux zelez, qui le persecutent en apparence, & qui le prescriuent neantmoins plus souuent que les vostres, & dans des occasions pour la plus part assez legeres, où l'on deuroit faire tréue de remedes vehemens, que vostre Art a nommez mochliques, tels que nous auiions qu'est celuy-là.

I'ay veu assez bon nõbre de ces Ordonnances dont ie parle, & entre des mains assez fideles pour les representer en des occasions qui en vaudront la peine, afin de faire rougir ces Critiques passionnez, s'il leur reste encore quelque pudeur sur le front, & s'ils n'ont pas entieremẽt fait banqueroute à l'honneur, & à la conscience. On ne leur sçauroit trop reprocher cette preuarication manifeste en vne affaire de telle importance, & où le public a tant d'interest, de sorte que mettre leurs frauduleux procedez en euidence, sans declarer ouuertement leurs noms, & leurs mœurs, c'est faire vne action de iustice, & qui ne merite pas peu de loüange deuant quelques arbitres que ce soit, qui se trouueront disposez à donner plus à l'equité, qu'à la préoccupation, & à l'amour de la verité, qu'aux respects humains.

A ce qu'on dit, ie berne assez galamment leur temerité dans ce Poëme, que i'ay nommé Histori-comique, à cause que parmy les naïuetez Burlesques i'entremesle de petites histoires, qui ne sont pas moins veritables, que diuertissantes. Mais cecy n'est qu'vn coup d'essay, que i'ay fait comme en taillant ma plume, pour la preparer, & l'affermir en des choses plus dogmatiques touchant le fons de la controuerse Antimoniale, où l'on verra que ie ne suis pas entierement ignorant de la doctrine d'Hippocrate, & de Galien; de mesme que l'on connoistra tousiours par les tesmoignages d'estime, & les sentimens de veneration que ie feray parestre pour vos belles, & vertueuses qualitez, que ie suis autant que personne qui viue,

MESSIEVRS,

Vostre tres-humble & tres-obeïssant Seruiteur, C.C.

APPROBATION DES DOCTEVRS EN MEDECINE.

E Poëme ſur l'Antimoine eſt trop agreable, & trop vtile au Public, pour ne pas preſſer ſon Autheur de le mettre ſous la preſſe. Nous l'en conjurons de tout nôtre Cœur, & l'aſſeurons qu'il ne peut eſtre que parfaitement bien receu, pour eſtre rempli d'autant d'inſtructions en ce qui concerne la veritable Medecine, que de galanterie, & de gayeté en ſes belles, & naïues deſcriptions. C'eſt le ſincere jugement que nous en faiſons. A Paris ce 12. Octobre 1655.

CORTAVD. FOVCQVES.

APPROBATION AVTHENTIQVE DE LA PLVS grande, & plus ſaine partie des Medecins de la Faculté de Paris touchant l'Antimoine.

NOus ſoubſignez Docteurs en Medecine de la Faculté de Paris, certifions à tous qu'il appartiendra, que les qualités de l'Antimoine ayant eſté par vn long vſage, & vne experience continuelle, reconnuës de nous eſtre grandement conuenables à la guerison de quantité de maladies, declarons que ce remede, bienloing d'eſtre chargé d'aucune malignité veneneuſe, il a pluſieurs rares vertus qu'vn Medecin peut employer à combattre heureuſement grand nombre de ces maladies, moyennant qu'il le faſſe auec beaucoup de prudence & de diſcretion. C'eſt le ſincere iugement que nous en faiſons, & donnons à Paris le 26. Mars 1652.

R. Chartier, I. Degorris, Henaut, F. Guenaut, De Pois, I. Bourgeois, De Vailly, De Beau-

rains, De Bourges, Pyart, Quiquebeuf, Du Cledat, Bedé des Fougerais, de sainct Iacques, Iouuin, V. Bodineau, I. Theuart, C. Hubaut, Rainssant, Vacherot, I. Regnaut, Dupré, L. Desfrades, I. Chartier, Leger, Le Vignon, Denyau, Le Mercier, Richard, le Tourneur, Akakia, Marés, I. Gauois, D. Ioncquet, F. Langlois, Pajot, le Breton, le Gaigneur, I. Cousin, G. Petit, Moriau, I. Garbe, Cuyet, Demercenne, du Pont, Tardy, Maurin, I. Hamon, Morand, I. Renaudot, E. Renaudot, Bachot, Dieuxyuoye, Mauuillain, Debourges, Hureau, M. Langlois, Lopes, Arbinet, de Sarte, F. Landrieu.

EXTRAICT DES PAGES

55. & 56. d'vn Liure intitulé, La Deffense de la Faculté de Medecine de Paris contre son Calomniateur, *Dediée à Monseigneur l'Eminentissime Cardinal Duc de Richelieu.*

LE Sieur Moreau, ancien Docteur en Medecine de la Faculté de Paris, Autheur de ce liure, que ie cite, le fit imprimer en l'année 1641. aux despens de cette Faculté soubs le Decanat de Monsieur du Val, qui luy adiugea par vn Decret expres la somme de soixante & tant de liures pour aider aux frais de son impression, & ce contre M. Theophraste Renaudot, Docteur Medecin de Montpellier, à l'occasion d'vn grand procez meu entr'eux au Parlement. Et comme cet ingenieux, & fort Aduersaire battoit cette Faculté du costé des remedes Chimiques, où il croyoit estre son foible, cét autre Docteur respond ainsi au nom de tous ses Collegues, en la page 55.

Reste à respondre à vn article de grande consequence touchant les medicamens Chimiques, que nostre College a autresfois condamnez par ses Decrets, & que nous approuuons à present en nostre Pharmacopée. Il est vray que nous auons condamné autrefois l'Antimoine, comme venin, & quelques autres medicamens Chimiques, comme violens: Il est vray aussi qu'en les proposant nous les approuuons dans nostre Liure.

Et en suitte dans la page 56. il adiouste encore.

Ce n'est pas sans raison que nous auons condamné l'Antimoine, de peur qu'estant mis à la discretion des ignorans, comme vne espée en la main d'vn furieux, il n'en arriuast des effects sinistres, & calamiteux, tels qu'on en a autrefois obserué. Nous l'approuuons maintenant le mettant dans la main des Medecins sages, & prudens, qui s'en sçauront bien aider en temps, & lieu, & selon la preparation, & correction que nous luy donnons. &c.

A MONSIEVR C. C. CONTRE QVELQVES VIEVX Medecins ses ennemis, aussi bien que de l'Antimoine.

SONNET.

DOnne, Braue CARNEAV, *donne à coups de Sonnets*
Sur les ANTI-GVENAVS *qui blasment l'Antimoine,*
Et qui sans respecter ton minois de Chanoine,
Espuisent contre toy leur veine, & leurs cornets.

Il sont, pour la pluspart, esprits de Sansonnets
En des corps de cheuaux, à qui manque l'auoine,
Dont toute l'Ellebore, & toute la Betoine
Iamais ne gueriront le moule des bonnets.

Ne fay point de quartier à cette Gent barbuë,
Qui se fait bien payer des hommes qu'elle tuë;
Fay les mourir d'ennuy par l'effort de tes vers.

Si tu les signallois par de tels homicides;
Si de tels assessins ils purgeoient l'Vniuers,
On pourroit dire d'eux, qu'ils sont autant d'Alcides.

SCARRON.

LA STIMMIMACHIE, OV LE COMBAT DES MEDECINS TOVCHANT L'VSAGE de l'Antimoine.

POEME HISTORICOMIQVE.

Ie chante, non Hector de Troye,
Ny celuy dont il fut la proye,
Ce Lion de ſang altcré
Contre les Troyens coniuré,
Ce fils de Thetys, cet Achille,
Qui ſeul en valoit plus de mille
Auec ſon ſabre de Damas,
Qui foudroyoit iambes, & bras.

Ie chante, non le fils d'Anchise,
Ny sa maistresse Dame Elise,
Qui la premiere fit des loix
Pour les manans Carthaginois,
Lors que la Ville de Carthage
N'estoit encore qu'vn village.
Ie chante, & ie ne chante pas;
Ou si ie chante, c'est fort bas,
Car on n'a iamais veu de plume
Chanter des vers dans vn volume;
Mais c'est vn terme du mestier,
Comme riuer au Sauetier.
Ie dis donc que ie vais descrire
Vn grand combat à faire rire;
Mais vn combat interessé,
Ou chacun est plus empressé
A tesmoigner force, & courage,
Qu'à pas vn siege de nostre âge.
C'est vn combat de Medecins,
Dont les tambours sont des bassins;
Les syringues y sont bombardes,
Les bastons de casse hallebardes;

Les lancettes y sont poignars;
Les fueilles de sené petars.
O nouuelle Iatromachie!
Seconde Gigantomachie,
L'on vous nomme dans vos desseins
La guerre des cerueaux mal sains.
Quel est le but de cette guerre?
Veut-on conquerir quelque terre,
Ou publier l'arrireban,
Pour marcher contre le Turban?
Ce n'est qu'vne pure sottise,
Qu'vn mauuais vent, non de la bise,
Mais le vent d'vn vain point d'honneur,
Des plus modestes suborneur:
Vent, qui souuent fait aux plus sages
Faire au port de honteux naufrages;
Vent, qui fit tomber Lucifer
Du haut du Ciel au fond d'Enfer,
Et d'vn astre tout plein de gloire
Fit vne face hideuse, & noire;
Ou bien les faiseurs de tableaux,
Fussent-ils Rubens, sont des veaux.

Cette Medicinale pique
Touche pourtant la Republique :
Il y va de ses interests
De brider par de bons Arrests
La fougue insolente, & mutine
De cette fausse Medecine,
Qui soufle le chaud, & le froid,
Et confond le gauche, & le droit,
Le noir, le blanc, le doux, le rude,
L'ignorant, & l'homme d'estude,
Les meschans, & les gens de bien ;
Mais apres tout ne prouue rien.
Si tu sçais, Muse, l'origine
De cette discorde intestine,
Qui diuise la Faculté
Arbitre de nostre santé :
Si tu sçais pourquoy ces grands hommes
Se battent, non à coups de pommes,
Mais à coups de traits furieux,
Qui font bréche à leur serieux,
Tu peux en dire quelque chose,
Sans craindre que quelqu'vn s'oppose

A la naïue liberté
De ton ſtyle exempt de fierté.
D'abord ie voy Monſieur S. Iacques
En bute aux premieres attaques,
Et repris d'auoir inſeré,
Ou ſans teſmoins enregiſtré
Dedans le Liure Antidotaire
Vne drogue non ſalutaire.
Ce Liure eſt appellé Codex,
Dreßé pour le bien du Podex.
Or ce S. Iacques, qu'on appelle,
N'eſt pas celuy de Compoſtelle,
D'où viennent tant de Pelerins
Qui chantent comme des Serins,
Des chanſons que l'on croit deuotes,
Sans raiſon, ſans rime, & ſans notes.
Ce Saint, autrement dit Hardoüin
Leur a bien donné du tintoüin,
Quand par ſoixante ſignatures
Il a rompu leurs impoſtures,
Et teſmoigné publiquement
Qu'il agit iuridiquement.

Quand il mit dans ce Catalogue
Cette importante, & riche drogue.
C'est vn Docteur de probité,
Autant que de capacité,
Dont le Zele auec auantage
Mit l'Antimoine hors de page,
Par vn assez braue moyen
Qu'il fit eclore estant Doyen;
Et tout Medecin qui raisonne
Trouue sa procedure bonne.
En suite, sans donner quartier,
On choqua le pauure Chartier,
Disant qu'il falloit qu'il fust yure
Quand il mit au iour vn tel Liure
Que celuy de son Plomb Sacré,
Où le bon sens est massacré.
C'est vn effet de leur enuie,
Qu'on ne vid iamais assouuie
De propos calomniateurs
Contre la plusspart des Autheurs.
Quoy que ce Liure en conscience
Ne brille pas dans l'excellence,

On y rencontre quelquefois
D'assez beaux, & doctes endrois.
Plusieurs luy baillent sur la ioüe:
Béys la loüe, ie le loüe,
Et loûray ceux qui le loûront
Plus que ceux qui le blâmeront.
C'est vn homme d'humeur sincere,
Aussi bien que Monsieur son Pere,
Que l'on tient plus sçauant en Grec,
Qu'Apollon au jeu du rebec.
Ce Pere d'vn trauail immense,
Et d'vne excessiue dépense
Fit au public vn tres-grand bien
En luy donnant son Galien.
Ie le dis sien, car sa doctrine
Luy donne vne nouuelle mine,
Et d'vn œil des Lettres goulu
Auec grand plaisir ie l'ay lû.
Ce Fils, quoy qu'vn peu moins capable,
Ne laisse pas d'estre loüable,
Pour auoir sarclé des premiers
Vn champ herissé de haliers.

Mais ses escris, bien que modestes,
Ont causé ces complots funestes,
Par qui tant d'esprits irritez
Se sont au desordre excitez.
Certain Visage atrabilaire,
A qui rien de bon ne peut plaire,
Plus remply de fast que d'honneur,
Petit faiseur, & grand prosneur,
Luy procura tant de disgrace,
Qu'il fut prest de perdre sa place,
Et de voir son nom mal traité
Hors de la liste escamoté:
Mais Themis d'vn regard propice,
Dissipant la noire malice
De cet Aduersaire obstiné,
Par vn Arrest l'a fulminé,
Si bien qu'il garde le silence
Par vne iuste violence,
Qui rend ses desseins insolens
Beaucoup plus tiedes, & plus lens.
Cette authorité souueraine
Mit vn grand obstacle à sa haine,

Lors qu'vn Huissier, disant hola,
D'vn Rabi fit vn Quinola,
Qui craignant de plus grands tumultes,
Renguaine ses fieres insultes,
Et ne parla plus qu'humblement
De Nos Seigneurs du Parlement.
Ce Chartier tout plein de courage
Ayant mis ce frein à la rage
De ce dangereux animal,
Dont l'instinct ne bute qu'au mal,
Donna de la terreur aux autres,
Qui marchoient sur le ventre aux nostres,
Et cryoient la Saint Barthelmi
Contre les fauteurs du Stimmi.
Ce mot de la langue Gregeoise
Est cause de toute la noise,
Et la pierre d'achopement
Du Galeniste Regiment,
Et sur vn si foible pretexte
Leur glose est pire que le texte.
N'est-ce pas sortir du bon sens
De deschirer les innocens,

Ieunes, & vieux, Clerc, Prestre, & Moine
Disant qu'ils sont pour l'Antimoine?
A quoy donc sommes nous reduits?
Nous faudroit-il des sauf-conduits
Pour disputer d'vne matiere,
Dont est tres-libre la carriere?
Il ne s'agit point d'attentat
De Religion, ny d'Estat,
Et iamais le bon Esculape
Ne choqua de Roy, ny de Pape.
Pourquoy ne m'est-il pas permis
De parler auec mes amis
De la substance metallique,
Selon la nouuelle pratique?
L'Esprit humain perçant les Cieux,
Peut bien penetrer d'autres lieux,
Et passer des plages sublimes
Iusques aux plus profonds abismes.
Il peut sonder au fond des mers
Iusqu'aux poissons les plus couuers,
Et voir les vertus excellentes
Tant des reptiles, que des plantes.

Cet Esprit est vn vray Demon,
Tesmoin celuy de Salomon,
Qui sçauoit tout depuis l'hysope,
Iusqu'au lieu d'où vient l'horoscope.
Qui sçauoit les tours, & retours
De l'Astre qui nous fait les iours,
Les ascendans, les periodes,
Les aspects malins, & commodes
De Iupin, de Venus, de Mars,
De Diane aux cheueux espars,
Et de Saturne, & de Mercure,
Tous Intendans de la Nature.
Pauures Medecins d'aujourd'huy,
Qu'on vous voit esloignez de luy!
Vous n'auez ny compas, ny regle;
Vous prenez émouchet pour aigle;
Vous prenez martre pour renard,
Et l'eschalotte pour le nard.
Non pas tous, car plusieurs habiles
Sont à la Republique vtiles:
Entre autres l'Illustre Valot,
A qui pour partage, & pour lot,

Phœbus donne avec abondance
Heur, sçavoir, honneur, & finance.
Par luy l'Antimoine espuré
Est presque à la Cour adoré,
Car sa main luy donne une grace,
Qu'on peut appeller efficace.
Tels sont encore sans defaut
Rainssant, Theuart, Marez, Guenaut
Hureau, Mauuillain, & De Bourges
Que vous faites passer pour courges,
Aussi bien que d'autres adjoins,
Que vous prisez encore moins,
Parce qu'ils passent la routine
De vostre froide medecine,
Et que l'Antimoine est par eux
Couronné de succez heureux.

Cette blesme, & triste poupée,
Qu'on appelle Pharmacopée,
Qui sent plus le baume & l'anis,
La casse, & le diaprunis,
La manne, & la mercuriale,
Que le ragoust à la Royale,

Et le fade sirop violard,
Que les andoüilles, ny le lard;
Cette noble Donzelle, dis-je,
Se plaint fort qu'on la desoblige
De profaner deuant ses yeux
Vn mineral si precieux;
Que c'est luy retrancher son doüaire
Par vne malice bien noire,
Et luy faire vn tort effectif
De retrancher ce purgatif
Des Codes Medicamentaires,
Vrais fanaux des Apothicaires,
Qui par là se verront reduis
A chercher de nouueaux appuis,
Soit en Cour, soit chez la Iustice
Contre vn si blasmable artifice.
Quoy (disent-ils en prenant feu)
Est-ce tout de bon, ou par jeu,
Que ces Doctorales boutades
Nous preparent des incartades?
Nous sçauons ce que nous sçauons,
Et par de terribles sauons

Nous leur lauerons tant la teste,
Que nous en abatrons la creste.
Quoy donc, ils sont les entendus
Ces faiseurs d'escris deffendus;
Ces semeurs d'infames Libelles,
Ces protocolles infidelles,
De qui la parole, & l'effet
Font ensemble vn monstre parfait.
Connoissez-vous ce bon Apostre,
Qui dit de l'vn, & fait de l'autre?
Lisez, Voisin, ce bel escrit
Où l'Antimoine il vous prescrit:
Encore qu'il vous le desguise,
Il vous en ordonne vne prise,
Mais vne prise de cheual
Pour vn leger, & foible mal.
Ainsi parloit sans hyperbole
Vn genereux Pharmacopole;
Vn homme d'vn cœur tres-entier,
Qui montroit maint, & maint papier
Portant les griffons, & parafes
De ces impudens Pseudographes,

Que l'Antimoine, & son crocus
Auoient accommodez d'escus.
Il est certain que ce remede
Mal dispensé tres-mal succede,
Et que c'est vn puissant ressort,
Et pour la vie, & pour la mort,
Selon que le fat, ou le sage
En corrompt, ou regle l'vsage.
C'est le sabre de Scanderberg,
Dit vn Docteur de Vittemberg,
Qui vaut beaucoup dans sa main droite,
Mais rien dans vne mal adroite.
Comme il falloit, dit-il, le cœur,
Et la main de ce grand Vainqueur,
Pour faire esclater cette espée
Au sang des Musulmans trempée,
Aussi faut-il vn homme heureux,
Adroit, prudent, & genereux,
Et qui surpasse la doctrine
De la vulgaire Medecine,
Que pratiquent ces bas Docteurs,
Pauures pupilles sans tuteurs,

Chetifs croquans, & pauures heres,
Dont les chemises sont des haires,
Dont les souliers sont dessolez,
Dont les enfans sont desolez,
Et dont la tres-maigre cuisine
Est le palais de la famine:
Il faut, dis-je, vn homme accomply
A ne pas faire vn petit ply,
Pour bien manier sans scandale
Son Altesse Antimoniale,
Pour terminer tous ses procez
Par de fauorables succez,
Comme on en à veu des exemples
Tres-beaux, tres-fameux, & tres-amples,
Par deux grands Medecins Royaux,
Illustres Antimoniaux,
Qui n'ont pas donné peu de vogue
A cette bienfaisante drogue.
Renaudot d'vn style elegant
A rompu l'effort arrogant
De l'Orthodoxique Cabale,
Qui rue en fougueuse cauale;

Et

Et par ſon Liure triomphant
Leur plus braue Autheur eſtouſant,
Condamne au poiure, & aux eſpices
Les fueilles de ſes bas caprices,
De qui trois differens Docteurs
Ont eſté les Compilateurs.
Le Maiſtre de l'Imprimerie
Peſte contre eux ſans raillerie,
Et iure que petits, & grans
Blaſment leurs eſcrits ignorans:
Qu'Iatrophile, & Philalethe
Sont plutoſt porteurs de mallette,
Diſpenſateurs de mythridas,
Heritiers du lourdaut Midas,
Non pas en or, mais en oreilles,
Que gens à produire merueilles
Sur le different apointé
De ce mineral conteſté.
Dédommagez voſtre Libraire,
Animaux qui ſçauez mieux braire,
Que parler raiſonnablement
Sur vn ſi celebre argument.

Il eſt bien homme à vous traduire
Deuant gens qui vous peuuent nuire,
Et deuant certain tribunal,
Où vous reüſſiriez tres-mal.
Vous pouuez adoucir ſes fougues,
Non pas auec des eaux de Pougues,
Mais en vous quottiſant chacun,
Comme par intereſt commun,
Pour ſauuer des mains des beurrieres
Vos Bibliotheques entieres.
Vos ouurages ſi mal conceus,
Et ſi barbarement tiſſus
Ne ſont achetez de perſonne
Du Palais, ou de la Sorbonne,
Ny d'eſcolier, ny de Docteur,
Ny de bedeau, ny de Recteur,
Et tous les declarent coupables
De mille ignorances palpables.
O le beau plaiſir qu'il y a
A lire ce Pithœgia
Ce fier auorton de la bile
D'vn noir & veneneux reptile,

I'entens d'un Medecin rampant,
Malin, quoy que pauure serpent:
Cet Autheur, qui n'a pour partage
Que l'erreur, l'enuie, & l'outrage,
Menace, attaque, frape, & mord
Autant le viuant que le mort,
Et par des desseins mortiferes
Formez contre de ses Confreres,
Il traite maint homme d'honneur
De charlatan, d'empoisonneur,
De broüillon, & de temeraire,
De seducteur, & de faussaire,
Et les fait passer pour des gens
Plus vils que recors de Sergens,
Que crieurs de vieux fers de roües,
Que sales deschargeurs de boües,
Et que les moindres artisans
Des mestiers les plus desplaisans.
Plusieurs ont agy par l'organe
De cet esprit louche, & profane,
Qui s'est par vn mauuais destin
Accroché contre vn Celestin,

Dont la Muse facile, & forte
Le peut berner en toute sorte,
Comme il a monstré depuis peu
Par vn assez serieux jeu,
Qui pour deffendre l'Antimoine
Les perce iusqu'au peritoine.
Quelques autres forts champions
Ont soufflé ces lasches pions
Qui d'vne outrecuidance infame
Se vouloient pousser iusqu'à dame,
Et les ont depeins par leurs vers
Comme l'horreur de l'Vniuers.

Ce cas nouueau tres-fort estonne
Toute leur Cabale broüillonne,
Qui se voit reduite auiourd'huy
A manquer d'hommes, & d'appuy,
Depuis que l'on leur fait la guerre
De plumes, de bec, & de serre
Par certaines Prolusions,
Qui leur font cent confusions.
Approbateurs de l'Antimoine,
Que vous leur frottez bien la coine

Par cé docte, & pressant cayer
Capable de les effrayer.
Vos coups démontent leurs horloges,
Et desconcertent les eloges
Qu'ils ont fagottez pour Follet,
Qui change en absynthe le laict,
Et dont l'ouurage tres-barbare
N'est que mensonge, erreur, & tare,
Sauf l'honneur d'vn lasche Escriuain,
Qui dans ce complot fait le vain,
Mais d'vne vanité tres-haute,
Pour auoir pillé le bon Plaute,
Et le jargon Apulien
Tres-esloigné du Tullien.
O la plaisante drollerie
De les voir entrer en furie
En lisant ces beaux vers Latins
Exorcistes de leurs Lutins,
Qui les dissipent aussi viste
Que si l'on iettoit l'Eau-beniste.
L'vn dit, ce trait s'attaque à moy;
Vn autre demandant pourquoy,

Parce, dit-il, que ce paſſage
Semble depeindre mon viſage:
Ie veux conſulter mon miroir,
Si ie ſuis ſi hideux à voir.
Quelqu'autre, iugeant à ſa poſte
Des Autheurs de cette riſpoſte,
Iureroit la main ſur l'Autel
Que c'eſt la maniere d'vn tel,
Parce que cette forte veine
N'eſt pas d'vn Poëte à la douzaine.
Il faut que i'en aye raiſon,
Quand ie deurois, comme Iaſon,
Me ſeruir des arts de Medée
De tous les Demons poſſedée,
(Dit vn autre moins patient,
Et grand menteur à ſon eſcient)
Vous en tenez pourtant, beau ſire,
Car l'on a fait vne Satyre
En vers auſſi beaux, qu'animez
Contre vos eſcrits diffamez,
Qui ſe ſentent de la leſine
De voſtre ignare medecine,

Dont trois SSS font le total,
Et de là, droit à l'hospital.
Vous auez fait vn pauure Liure;
Est-ce là le moyen de viure,
Et de faire trouuer du pain
A vos gens qu'irrite la faim?
Au lieu de faire le profane,
Prenez garde à vostre sotane,
A vos dents qui maschent le vent,
A vos yeux qui pleurent souuent,
Non des larmes de penitence,
Mais des aqueducs d'indigence,
Plus pour vos morceaux retranchez,
Que du regret de vos pechez.
Vn Pedant à simple tonsure
Incommodé de la fressure
Par vn mal que chacun sçait bien,
Ne vous peut auancer de rien:
Deux descendans de Germanie,
Que l'on void dans vne manie
A produire le mal caduc,
N'ont pas pour vous beaucoup de suc.

L'un est sec comme une alumette,
Et malin comme une Comete ;
L'autre ignorant au dernier point,
De pied en cap, chausses, pourpoint,
Iambes, & mains, cœur, & ceruelle ;
Bref par tout sottise eternelle.
On les croit pourtant vos deux bras,
Et qu'ils vous doiuent faire gras,
Voyant cette piece importante
Si bien respondre à leur attente.
Certain drille a fait, ce dit on,
Pour vostre Liure un grand dicton ;
Ie dirois Dictum, *mais qu'importe ?*
Le peuple en parle de la sorte.
Ce drille est un fort mauuais Gars,
Qui pratique de sombres arts,
Que l'on ne connoist qu'aux Escoles
Que frequentent les Vierges folles.
S'il estoit aussi suffisant,
Qu'il est superbe, & mesdisant,
Il mettroit en capilotade
Toute la Stibienne escoüade.

Il nous auroit tous fricassez,
Et de tous nos os concassez
Il auroit fait certaine drogue,
Dont il adouciroit son Dogue.
Si l'on ne m'entend, ie m'entens,
Et deuant qu'il soit peu de temps,
Toute leur bande coniurée
Sera tonduë, & censurée.

Sus ventre à terre, Myrmidons:
Vos enseignes, & vos guidons,
Et tous vos signes de reuoltes
Ne font plus que de foibles voltes.
Vostre party tout delabré
Se repent de s'estre cabré
Contre un remede salutaire,
Qui le conuainc, & le fait taire.
Puisque vous-mesme l'ordonnez,
Sans raison vous le condamnez:
Vous luy f[illegible]s la reuerence,
Quand vostre debile science,
Estant au bout de son rollet,
Ne chante plus qu'en triollet

Par vn flus de sottes parolles,
Qui tarit celuy des pistolles,
P..ce que ceux que vous traitez
De vos rébus sont rebutez.
Vous celebrez bien à vostre aise
I.. saignée, & l'epapherese,
T..adis qu'vn mal qui vous dement
Vent vn remede vehement,
Et tesmoigne par ses symptomes
Que les vostres ne sont qu'atomes,
Qui font mille tours, & retours
Sans apporter aucun secours.
D'où vient donc que vostre humeur noire
Veut exclurre le vomitoire
De la famille des metaux,
Et non celuy des vegetaux,
Dont on void pourtant mille sortes
Plus dangereuses, & plus fortes,
Que l'Antimoine, & tou.. ses mets
Ne sont, ny ne furent iamais.
La malice qui vous aueugle
Fait que vostre faux Zele beugle

Comme vn taureau frapé d'vn trait,
Ou d'vn gros baston de cotret,
Quand on veut loüer la pratique
De ce fameux vin emetique,
Par qui s'est sauué du tombeau
Maint objet tres-riche, & tres-beau:
Gens de tout sexe, & de toute âge;
De tout degré, de tout estage;
Soit Presidens, soit crocheteurs;
Soit Aduocats, soit colporteurs;
Soit Demoiselles, soit seruantes;
Soit serieuses, soit fringantes;
Bref vn tres-innombrable tas
De personnes de tous estats.
Falot, qui picquez l'escabelle
Au fond d'vne triste ruëlle
Tandis qu'vn pauure languissant
Se plaint de vostre art impuissant,
Et tout prest à plier bagage,
Deteste vostre beau langage,
Qui ne s'estudiant qu'au bruit,
Ne fait point, ou fort peu de fruit;

Si vous donniez de l'Antimoine,
Au lieu de ce lasche ſiroine,
Que vous appliquez ſur ſon mal,
Vous ſeriez moins lourd animal,
Et ne feriez pas des topiques
Où l'on a beſoin d'emetiques,
Ny de ſimples palliatifs,
Où ſont requis les detectifs.
Voyez-vous pas que cette rate
Se farcit, ſe gonfle, & s'eclate?
Et qu'ordonnez-vous pour cela?
Autant qu'vt re mi fa ſol la.
Deſopi'ez moy ces paſſages,
Non pas par des drogues volages;
Par des vomitifs ſans effet;
Par tant de ſirops de buffet,
Et mille autres galanteries,
Iuſtes ſujets de railleries.
Troublez la nature vn moment
Par quelque fort medicament:
Apres quelque peu de detorces
Elle reprendra bien ſes forces,

Et chassera ce qui luy nuit
Par le plus commode conduit.
Monsieur est fort (dira sa femme)
L'on pourroit alonger sa trame
Par cet excellent mineral,
Le vray remede magistral:
Ie citerois bien des cousines,
Et des voisins, & des voisines,
Et certain deux fois mil-soudier,
Qui frequente nostre quartier,
Qui disent tous d'vne voix haute
Que c'est faire vne grande faute,
Et que l'on parle sans raison
Nommant l'Antimoine vn poison.
Lors le Medecin aduersaire
Pretendant prouuer le contraire
Va chercher des mots du sabat
Pour luy donner eschec, & mat.
Madame, dit-il, telles choses
Ne sont pour vous que lettres closes,
Et si vous auiez leu Grévin,
Dont l'esprit estoit tout diuin,

Vous verriez bien que ce remede,
Est pire (Dieu nous soit en ayde)
Que le grand Diable de Vauuert,
Estant vn venin plus couuert,
Et plus present, & plus funeste
Que n'est la lepre, ny la peste.
Quelques Docteurs pour Stibium
Escriuent souuent Stygium.
Cette allusion est fort belle,
Et d'vne inuention nouuelle,
Et pour estre estimé sçauant
Il faut la repeter souuent.
Le Styx, Madame, est vn grand fleuue,
Qui Messieurs les Damnez abreuue,
Mais il est si finement noir,
Qu'on a de la peine à s'y voir
Bien que quelquesfois Proserpine
Y consulte sa bonne mine.
Or de ce Styx (nota bene)
Vient ce pharmaque empoisonné,
Qui rauage, destruit, & tuë
Plusque napelle, & que ciguë,

Et que les plus forts aconis,
Et que les plus prompts arsenis.
Morbleu, me prend on pour vn ase?
Ie commenterois Oribase,
Paul Eginete, & Iean Gemma,
Sans crainte d'estre anathema.
Ie suis au poil, & à la plume,
Et ie compose vn gros volume,
Où ie pretens bien faire voir
Que peu m'egalent en sçauoir.
Ie suis homme d'Academie,
Ie sçay six langues, & demie,
(Vaudroit autant en dire sept)
Mais ie garde expres le tacet,
Quand on veut iaser de la Greque,
Qui souuent contre moy rebeque,
A cause qu'en la prononçant
I'ay peine à bien garder l'accent.
Ie n'ay point mon pareil au monde
Pour deschiffrer la Mappemonde:
La Sphere est l'ordinaire ieu
Où se plaist mon esprit de feu;

Tous les ſecrets de la nature
N'ont point pour moy de couuerture ;
Depuis long-temps i'y ſuis admis,
Et i'y fais entrer mes amis ;
Mais non pas de ces teſtes folles,
Qui broüillent toutes nos Eſcoles
Par leurs vins Antimoniez,
Par leurs ſucs excommuniez
Dignes d'vn ſingulier ſupplice,
S'il y auoit bonne iuſtice.

Ils ont quelques ſçauans entr'eux,
Mais pour vn, nous en auons deux.
Oüy, oüy, quoy que Renaudot chante,
Noſtre Ligue eſt la plus puiſſante :
Nous ſommes trente bien vnis,
Qui pourrions aſſieger Tunis,
Et bien-toſt nous en rendre maiſtres,
Si pour canons paſſoient les Lettres :
Mais preſentement (ohi me !)
Pour ſe rendre plus renommé,
Il faut tourner la medecine,
Comme vne nouuelle machine,

Et suiure de ieunes esprits,
Qui pensent emporter vn prix
Plus riche qu'aux jeux Olympiques
Auec leurs remedes Chymiques.
En effet, ils nous font du tort,
Et nous incommodent bien fort
Par cette drogue deletere,
Qu'on ne lit point chez Despautere.
Deletere est vn meschant mot,
Qui fait faire aux viuans capot;
Et cause plusieurs funerailles
Plus souuent aux Grands, qu'aux canailles,
Leur art deletere pour nous
Nous fait succomber à tous coups,
Car tellement il entoxique
Nostre methode Galenique,
Que nous decheons tous les iours
Depuis que l'Antimoine à cours.
Il est vray qu'ils font quelques cures
Auec ces essences impures,
Qui bien souuent reüssiront
Chez des gens qui nous font affront;

Qu'vn homme presqu'à l'agonie
Reprend comme vn nouueau genie,
Nouuelles forces, nouueau teint,
Si tost que ce fossile atteint,
Soit les replis du mesentere,
Soit l'emboucheure d'vn viscère,
Où quelque vieille fluxion
Aura fait grande obstruction;
Mais ce sont effets d'auenture,
Ou bien d'vne forte nature,
Dont le temperament benin
Chasse vn venin par vn venin.
Mon Dieu! que veut vostre seruante?
Elle rompt ma verue eloquente:
I'allois debiter des discours
Tous de satin, tous de velours
Capables de rauir vostre ame;
Mais, Monsieur, (interrompt la Dame)
Tous vos discours sont superflus,
Mon pauure mary n'en peut plus.
Sus qu'on iette par les fenestres
Tous ces remedes doux, & traistres,

Ces apoſémes, ces julets
Qui gargariſent le palais,
Sans aller chercher l'origine
Du mal qui le cœur aſſaſſine.
Qu'on faſſe venir Renaudot;
C'eſt vn homme à dire en vn mot
La cauſe de la maladie,
Et comment on y remedie.
Monſieur, tréue de complimens;
Attendez mes remercimens
Quand vous aurez plus de ſcience;
Cependant prenez patience.
Pauure aſne, te voila berné,
Et preſqu'au moulin condamné.
Sortant de là chacun te hue;
Chacun te drape par la rue:
L'on deteſte tes recipez
Par qui tant de gens ſont dupez.
Dequoy ſeruent ces bagatelles
En des maux preſſans, & rebelles?
On peut bien s'en ſeruir ailleurs,
Mais il en faut d'autres meilleurs,

Et d'vne plus grande efficace
Que n'est le senné, ny la casse,
Quand il faut combatre bien fort
Ce qui passe vn commun effort.
Contre des maux presque indomptables,
Les Medecins seroient blasmables
D'vser de remedes galans
Autant ridicules que lens.
Il ne faut pas faire le lasche
De peur que Monsieur ne se fasche
S'il souffre des émotions
Pour guerir ses conuulsions.
Il faut combatre à toute outrance;
Il faut vser de violence
Pour pousser hors vn ennemy,
Qui ne se rend point à demy.
On gagne souuent quinze, & bisque
Quand on s'auance à toute risque.
Ainsi quand vn embrasement
Aussi subit que vehement,
Dans vn grand logis fait rauage,
L'on en hazarde quelque estage;

Et le reste s'en portant bien,
Il se treuue qu'on n'y perd rien.
En sauuant cerueau, cœur, & foye,
Laissez perir la petite oye,
Et vous verrez bientost les ris
Succeder aux pleurs, & aux cris.
L'on vous donnera des eloges,
Plus que n'en reçoiuent les Doges:
C'est vn mot signifiant Duc,
Dont l'Archi regne dans Inspruc;
Car l'Archi de Leopold d'Austriche
N'est plus en eloges si riche,
Depuis que la Ville d'Arras
S'est soustraite d'entre ses bras,
Quoy qu'il l'eust de prés embrassée,
Et d'vn grand siege embarrassée.
Sans demander permission,
I'ay fait cette digression.
Legitimes fils d'Esculape,
Escroulez par mine, & par sape
Ces murs de mauuaises humeurs,
Qui font tant crier, ie me meurs.

Tréue de manne de Calabre ;
Employez Lapis , & Cinnabre ,
Vin Emetique , & vif argent ,
Comme vous feriez vn Sergent ,
Quand vn debteur , pour des pistolles ,
Ne vous rend que d'aigres parolles.
Alors qu'vn mal enraciné
S'est contre la cure obstiné ,
C'est préuariquer en la cause ,
Que disputer de la prognose ,
Balançant d'vn jugement brut
Si l'humeur peccante est en rut ,
Si la langue est vn peu scabreuse ;
Si l'vrine est vn peu bourbeuse ;
Si l'on sent de petits frissons ;
Si l'on entend quelques faux sons ;
Si l'on prend par quelque berluë
La chose verte pour la bleüe ,
Et cent autres menus fatras ,
Qui ne seruent que d'embarras ,
Quand le mal dans son periode
Exige vne forte methode ,

Dont les Antimoinans Docteurs
Sont les vrays administrateurs.
Leur methode tres-canonique
En tels accidens fait la nique
A ces malheureux Praticiens
Qui font les Hippocratiens,
De qui pourtant la secte ingrate
Souflette souuent Hippocrate,
Si tost que l'amorce du gain
Corrompt leur esprit, & leur main.
Foy de Poëte non infidelle;
Foy d'homme d'humeur assez belle;
Foy de veritable Escriuain,
Qui n'a point de mauuais leuain,
I'ay veu plus de trente Ordonnances,
Non pas pour porter aux finances
Afin d'estre bien-tost dressé
De quelque comptant fort pressé,
Mais pour tenir rangs authentiques
Aux crochets de plusieurs boutiques
D'Apothicaires estimez
Aussi peu hableurs qu'affamez,

De la part de ceux dont la verue
Malgré Phœbus, malgré Minerue,
Et malgré la pluſpart des Dieux,
Rend ce mineral odieux:
Ordonnances dis-je notables
De ces Medecins intraitables,
Qui preſcriuoient tout de trauers,
Encore qu'en termes couuers,
Poudres, grains, & vin d'Antimoine,
Soit au quartier de S. Antoine,
Soit en celuy de S. Geruais,
Soit du Louure, ſoit du Marais.
Et ſans donner geſne, ou torture,
Tres-facile en eſt la lecture,
Que produiront en temps, & lieu
Ces Pharmaciens craignans Dieu.
I'adiouſte auſſi, moy qui vous parle,
Qui ne m'appellay jamais Charle,
Et comme homme qui rien n'atten,
Ne puis paſſer pour Charlatan,
(Cela ſoit dit par parentheſe,
Sans ſortir du ſens de ma theſe)

Que moy qui vous parle françois
M'estant soumis à toutes loix,
Telles que les vouloit prescrire
Quelqu'vn, qui les autres deschire,
A cause qu'ils ne suiuent pas
Ses doux, mais funestes appas:
Moy, moy, qui suis encor moy-mesme,
Receus pour remede supréme
D'vn excessif mal de costé
Ce remede tant rebuté,
Par l'ordre d'vn des emissaires,
Qui se disent ses aduersaires;
Et i'en receus en vn moment
Vn singulier soulagement.
Oses-tu bien beste cornuë,
Choquer la verité connuë?
Oses-tu jetter sur son teint
Le masque d'vn reproche feint,
Et pour de lucratiues cures
Charger l'Antimoine d'injures,
Prestes à tomber derechef
Sur ton foible & malheureux chef?

O temps! ô mœurs! ô maiſtres Fourbe
Crapaux viuans de ſales bourbes!
L'Antimoine auecques ſon vin
Vaincra touſiours voſtre venin,
Tant qu'on verra Dame Chimie
En honneur dans l'Academie,
Et ſes admirables effets
Recherchez des hommes parfaits,
Qui tous approuuent ſans contraſte
L'art de l'excellent Theophraſte,
Que chacun trouue bel, & bon,
Quoy que barboüillé de charbon.
Cét art a rendu ce foſſile
Et tres-fameux, & tres-vtile,
Mais il tient ſon meilleur deſtin
D'vn Moine appellé Valentin,
Que ſes hautes experiences
En toutes ſortes de ſciences
Ont fait croire autre qu'vn mortel,
Et preſque digne d'vn Autel.
Aucun homme ſçauant ne nie
Que ſa rare Pyrotechnie,

Cét art des charbons renommez
Par les Chimistes allumez,
Mit l'Antimoine en si bon ordre,
Qu'en vain l'enuie ose le mordre,
Et tellement le prepara,
Laua, relaua, dulcora,
Que l'on l'ordonne sans offence
Aux maux qui tourmentent l'enfance,
Soit que la colique, ou les vers,
Ou d'autres accidens diuers
Menacent cét âge si tendre
De la faire au tombeau descendre.
Si des enfans peuuent porter
Cette sœur du grand Iupiter,
Fille du bon vieillard Saturne,
Sans crainte de la fatale vrne,
(Vn Autheur que ie ne dis pas
Qualifie ainsi le trespas)
Que ne feront point des personnes,
Qui sont grosses comme des tonnes,
Fortes comme des Fierabras,
Francs-taupins à double rebras,

Pleins de bile, & de pituite,
Que cette Nymphe met en fuite,
Pour les deliurer puissamment
D'vn tres-prochain acoablement,
Qui mettroit bas leurs Reuerences,
Sans ses heureuses influences?
Cela s'est trop frequemment veu,
Pour en craindre le desaueu,
Et l'on a des preuues de reste
Pour rendre ce point manifeste.
L'experience, & la raison
Ne font rien à contre-saison:
Et quand le bon-homme Hippocrate,
Soit pour desopiler la rate,
Soit pour desboucher les pertuis
De nos plus importans conduis,
Soit pour préuenir vn coup orbe,
Donne l'Ellebore, & l'Euphorbe,
Ou d'autres remedes pareils;
Le blasme-t-on dans ses conseils?
A-t-on condamné les Arabes,
Gens de spheres, & d'astrolabes,

Aussi bien que de Recipez
De milles drogues équipez,
Pour en auoir prescrit grand nombre,
Dont l'Antimoine n'est que l'ombre,
N'esbranlant pas si rudement
Les murs de l'humain bastiment?
Si l'on mettoit son excellence
Dans l'vn des plats d'vne balance,
Et si dans l'autre estoient pesez
Les maux qu'on dit qu'il a causez,
Ils n'auroient rien de comparable
A la liste presque innombrable
Des dignes benedictions
Que-luy donnent les Nations.
L'Europe n'a point de contrée
Où l'Emetique n'ait entrée,
Et tout homme sensé consent
Que c'est vn remede innocent.
Tousiours viura dans ma memoire
La fameuse & risible histoire
De ces trois goinfres de Meusniers,
De qui les alterez gosiers

Beurent certaine apresdisnée
Vn flaccon de cette vinée,
Où l'esprit Antimonial
Est comme en son thrône royal.
Ce fut à l'Hostel non des Nonces,
Où de Rome on a des responses;
Non plus qu'à l'Hostel de Nemours
Tout remply de belles amours:
Non à celuy de la Vieuuille,
Non à celuy de Longueuille,
Ny mesme à l'Hostel de Condé,
Qu'on tient n'estre pas bien fondé,
Mais à l'Hostel de ce grand Maistre;
Qui de tous les estres est l'Estre;
M'entendez-vous? c'est l'Hostel-Dieu
Ensemble pauure, & riche lieu,
Que ces Meusniers firent rauage
Sur cét émetique breuuage,
Dont leur appetit fut feru,
L'ayant pris pour du vin bourru.
Estant connus de tout le monde
De cette region immonde,

Ils parcouroient tres-librement
Les lieux de chaque appartement,
A cause que sur leurs montures
Ils en amenoient les moutures.
Passans par un grand cabinet,
Lieu bien en ordre, propre, & net,
Et garny de mainte denrée,
L'une amere, & l'autre sucrée;
L'une liquide, & l'autre non;
L'une pour seruir au poumon,
Et l'autre pour les hypocondres
Contre un mal qu'on appelle à Londres
Tabisique consomption,
Tres-digne de compassion;
Les autres pour d'autres usages
Connus des Medecins bien sages,
Ils rencontrerent un flacon,
Non plein des liqueurs d'Helicon,
Par qui tant de beaux vers on forge,
Si tost qu'on en laue sa gorge,
Mais de cét émetique vin,
Qui scandalisoit tant Greuin,

Et plusieurs autres Schismatiques,
Sectateurs de fausses rubriques.
Voyant ce flacon prés d'vn pain,
Le moins honteux estend sa main;
Et l'armant d'vn assez bon glaiue,
Quelques croustilles il en leue,
Qu'il presente à ses deux consors
Aussi sains d'esprit, que de corps.
Puis tirant vne large tasse
Hors d'vne gentille besace;
Sans crainte de quelque mocqueur,
Il l'emplit de cette liqueur,
Qui n'estoit pas rouge, mais blanche,
Et d'vn grand coup sa soif estanche:
Ses compagnons pareillement
En boiuent tres-auidement;
Si bien que de cette ambrosie
Ce beau Trio se rassasie,
Sans en laisser vn houspillon
Pour abreuuer vn papillon;
Toutefois ce vaisseau, sans feinte,
Tenoit quatre fois vne pinte.

Qu'en

Qu'en arriua-t-il apres tout ?
Cette farce en ris se resout,
Et ce ris se termine en farce;
Voulez-vous sçauoir pourquoy ? parce
Qu'estant montez sur leurs mulets,
Que ne gardoient aucuns valets,
Mais qui faisoient le col de gruë
Au coin d'vne petite ruë;
Estans à peine deux cens pas,
S'entretenans de ce repas,
Voila qu'il leur prend des tranchées,
Comme à ces belles accouchées
Trop peu soigneuses d'obseruer
L'ordre de se bien conseruer.
Tous les verroux du ventre grondent;
Ses cataractes se débondent,
Et le bas, ainsi que le haut,
Espreuue vn assez rude assaut.
Ce vin, pour faire son office,
Met l'vn, & l'autre en exercice.
Derriere S. André des Arts;
De Meusniers rendus gadoüars,

Ils gasterent pourpoints, & chausses
D'assez desagreables sauces,
Qui firent crier sur leur peau
Plusieurs fois Meusniers à l'anneau.
Ils ne laisserent pas en suite
De prendre heureusement la fuite;
Et par la faueur du sommeil
Ils se virent à leur réueil
Sains, & frais, sans aucun vestige
De cêt inusité prodige.
Qu'ils attribuerent enfin
A ce temeraire larcin,
Disans que Dieu prenoit vengeance
D'vne si grosse & lourde offence,
Ne sçachans pas la fonction
De cette composition.
Et bien nobles hypercritiques;
Messieurs les grands Hippocratiques;
Grands vanteurs de l'Antiquité;
Grands furets de la verité,
Dont le zele vous sollicite
D'aller au puys de Democrite,

Ce cas connu presque de tous
Ne conclu-t-il pas contre vous ?
Selon vostre rubrique vaine,
Vne mort prompte, & tres-certaine
Deuoit suiure cét attentat,
Comme quelque crime d'Estat,
Non de la part de la Iustice,
Mais par le pressant malefice
Du vice tout substanciel
A l'Antimoine essenciel,
Si l'on veut croire les maximes
Pleines d'erreurs, pleines de crimes,
Que vos Liures injurieux
Font éclatter en tant de lieux.
Peut-estre la temperature
D'vne vigoureuse nature
Sauua, dirés-vous, ces Meusniers
Des dents du Chien à trois goziers.
Quoy donc ? auoient-ils pour entrailles
Des bastions, & des murailles,
Faites à chaux, & à ciment
Contre ce fort medicament,

Qui destruit, à ce que vous dites,
Les facultez les mieux enduites?
Auoient-ils l'estomach ferré?
Leur foye estoit-il empierré?
Leur poulmon estoit-il [illegible] chéne,
Ou bien de coste de baléne?
Fibres, ligammens, & tendons
Estoient-ce lassets, ou cordons?
Et dans leurs corps chaque viscere
N'estoit-il pas à l'ordinaire?
Cependant ce vin furieux
Fit seulement trois cu-rieux,
Et trois gorges déuergondées
Par ses émetiques ondées:
Mais en vain la Parque, ou la Mort
Creut par là leur faire du tort.
En ce fameux port de la Lune
Lieu de plaisance de Neptune,
Où les reflus des grandes mers
Adoucissent leurs flots amers
Dans le sein de Dame Garonne,
Qui volontiers giste leur donne;

C'est en la ville de Bordeaux,
Où de grands vins bordent les eaux,
Qu'arriua ce que ie vais dire,
Ou plustost tracer, & décrire,
Chez vn de mes meilleurs amis
A quelque recepte commis:
Il auoit vne jeune fille,
De corps, & d'esprit fors gentille,
Qu'il aymoit en verité mieux,
Ou du moins autant que ses yeux.
Cette fille s'appelloit Marthe,
Qui rime bien à fievre-quarte,
Mais mal pour elle qui l'auoit,
Et nul remede n'y trouuoit.
Ce bel Autheur de la lumiere,
Qui ne clost iamais la paupiere,
Et qui ne marche qu'en courant
Bien plus fort que le Iuif errant;
Le Soleil, dis-je, ce grand Phare,
Dont le char jamais ne s'égare,
Auoit desia pres de deux fois
Fourny son cours de douze mois,

Depuis que cette rude hosteſſe
Dans ce corps faiſoit la tygreſſe.
Tantoſt vn obſtiné friſſon
Ne faiſoit d'elle qu'vn glaçon,
Et tantoſt comme vne fournaiſe,
Elle ſembloit n'eſtre que braiſe.
Du froid procedoit la palleur,
Et le rouge de la chaleur,
Si bien que diuerſes peintures
Entremeſloient ſes auantures.
Ah mon Dieu! quand il m'en ſouuient
Certes la larme à l'œil me vient;
Et celuy qu'vn tel mal ne touche
Doit paſſer pour pierre, ou pour ſouche.
Vous direz, eſprits malheureux,
Que d'elle j'eſtois amoureux;
Vous mentirez, car la fillette
Eſtoit ſi jeune, & ſi foiblette,
Qu'à parler en termes précis,
Ses ans n'alloient pas juſque à ſix.
Vne voiſine compaſſiue,
Quoy que de fortune chetiue,

Qu'vn vieillard à faire pitié
Appelloit ſa chere moitié,
Voyant d'vn cœur plein de tendreſſe
Cét abregé de gentilleſſe,
Euſt voulu porter volontiers
De ſon tourment plus des deux tiers.
Elle auoit du vin émetique,
Qu'elle appelloit du vin myſtique
D'vn jargon naïf, & ſans fard,
Ne ſçachant pas les mots de l'art.
Vn Empyrique de Cologne
Tres expert en cette beſogne,
Et qu'on nommoit le bien-diſant,
La regala de ce preſent,
Ayant long-temps logé chez elle,
Qui n'eſtoit ny laide, ny belle,
Mais l'attrait de ſa riche humeur
Eſtoit, diſoit-il, ſon charmeur.
Cét homme auoit fait pluſieurs cures
Auſſi peu communes qu'obſcures,
Et cette hoſteſſe auoit peû voir
De ce vin le rare pouuoir

Sur beaucoup de gens d'apparence
Dépourueus de toute esperance,
Et qui faisoient le pied de veau,
Salüans desia le tombeau.
Elle iugea que ce remede
Digne d'estre par Ganymede
Versé dans les coupes des Dieux,
Quoy qu'il soit peu delicieux,
Remettroit en bonne posture
Cette debile creature,
A qui la fiévre auoit osté
Ce thresor qu'on nomme beauté:
Entreprenant donc cette affaire
Au desceu de Pere, & de Mere,
Sans autre forme de procez
Dans le declin de son accez
Elle luy tend de ce breuuage,
Qu'elle auoit rendu moins sauuage
Y meslant du sucre candis,
Et peut-estre aussi de l'anis.
La fille sans faire grimace
Aualle tout de bonne grace,

Et mesme auec quelque enjoüment
Dégoise vn joly compliment,
Ce remede à peine demeure
Dans son corps vn demi-quart-d'heure,
Qu'il furette tous les endrois
De long, de large, en rond, en croix,
De cette interne architecture,
Chef-d'œuure des mains de nature.
L'estomach en ayant sa part,
Auec symmetrie en depart,
Selon qu'il semble necessaire,
Au secours de chaque viscere.
Le foye affamé comme vn loû
En voudroit auoir tout son soû;
Et pancreas, & diaphragme
En demandent plus d'vne dragme.
Le poumon, comme spongieux,
Sans parler, luy fait les doux yeux.
Et ses yeux sont les bigarrures,
Qui chamarrent ses ouuertures.
Mais sur tous ce triste vaisseau,
Dont le fond n'est ny bon, ny beau,

N'estant qu'humeur melancolique;
I'entens ce grand rameau splenique,
Fils de la ratte, & non cousin
Du cœur qu'il traitte de voisin,
Quoy que souuent il le trauerse
Par vn assez fascheux commerce
De plusieurs sucs intemperez,
Dont ses esprits sont alterez:
Ce vaisseau donc où tient son siege,
Ou pour mieux dire, où tend son piege
La fiévre-quarte, ce grand fleau,
Qui tua le gentil Belleau,
Et qui tant d'autre monde tuë,
Par ce remede s'éuertuë
A chasser tout ce qui luy nuit
Des limites de son circuit.
En le deschargeant il transporte
Par le trou de la veine porte,
Et par d'autres canaux diuers
Ce qui l'alloit liurer aux vers;
C'est à dire cette humeur triste,
Qui met les plus forts dans la liste

Des palles ſujets de Pluton,
En retranchant leur peloton.
  Il luy ſuruint preſque le meſme
Qu'à ce digne Curé de Boëme,
Dont parle un bon Commentateur,
Et qui iamais ne fut menteur;
(C'eſt Matheole, ce grand guide
Des détours de Dioſcoride)
Car apres quelque émotion
De l'vne & l'autre region,
Par en bas certaines raclures,
Comme de quelques chairs impures,
Auec quelque filamment noir,
Sortirent, & ſe firent voir.
Par en haut, vne humeur noiraſtre,
Qui tenoit vn peu du iaunaſtre,
Parut dans vn autre baſſin,
Non pas aux yux du Medecin,
Car elle n'eut pour ſpectatrice
Que cette aymable Operatrice;
Et ce fut ſur ſon propre lit
Que ce tripotage ſe fit.

L'ayant transportée en sa chambre,
Qui pour lors ne sentoit pas l'ambre.
Lors iurant Castor, & Pollux,
Tout ton mal, dit-elle, a fait flux:
Et de fait, cette longue fiévre
Escampa plus viste qu'vn Liévre,
Puisqu'on vid dedans peu de iours
Venir loger tous les amours,
Et tout leur mignard équipage,
A l'enseigne de ce visage,
Où ses parens ne croyoient pas
Reuoir iamais aucuns appas.
Si i'ay menti d'vne syllabe,
Ie veux qu'on m'enuoye en Suabe,
Aux Hurons, aux Taupinamboux,
Et mesme au pays des hiboux,
D'où Ledbon rapporta sa veuë
D'effroyables regars pourueuë,
A cause qu'il auoit médit
De gens d'honneur, & de credit.
Il faut donc que ie t'apostrophe,
Pauure masque de Philosophe:

Pauure singe de Galien,
Quel aueuglement est le tien?
Et de ta brigade effrontée
Par ce remede supplantée?
Par tout on vous appelle oysons;
Par tout on berne les raisons,
Par qui vous combatez l'vsage
De ce canonique breuuage,
Entre tous le plus souuerain,
Quand il part d'vne bonne main.
Ne voit-on pas dans les Prouinces,
Aussi bien les gros que les minces,
Les riches que les indigens,
Et diuerses sortes de gens
Declamer contre l'heresie
De vostre methode moisie?
Mais demeurons dans le pourpris,
Et dans la charte de Paris,
Ou ne passons pas la banlieüe,
Qui n'a tout au plus qu'vne lieüe:
Mesmes restreignons nostre vol
Pour ce coup au port de S. Pol.

Prés de ce port le plus aimable
De toute la terre habitable,
A cauſe que les meilleurs vins
Y nagent comme des Daufins,
De Dijon, de Chably, d'Auxerre,
De Beaune, de Sens, de Tonnerre,
Et de pluſieurs autres climats,
Qui viennent là baiſſer le mats,
Et comme offrir un humble hommage
A la majeſté du riuage;
Sur ce port, dis-je, où fort peu loin
Loge un tres-fidele teſmoin
Des belles vertus ſans égales
Des drogues Antimoniales,
Diſant que c'eſt le Sieur Galois,
Ie dis que c'eſt un franc-Gaulois,
Car c'eſt une humeur toute unie,
Sans fourbe, & ſans ceremonie;
Vn Capitaine de Rouliers
Autant à bottes qu'à ſouliers,
Et non moins à ſouliers, qu'à bottes,
Fait à la pouſſiere, & aux crottes;

Fait à tout faire, & fait au bruit
D'vn tracas qui luy fait grand fruit,
Chez luy force bons Demestiques,
Qui ne sont pas gens de boutiques,
Encore moins gens du Palais,
Moitié maistres, moitié valets,
Menent quantité de voitures
Auec d'aussi bonnes montures
Que Paris en ait encor veu,
Depuis qu'il se vit presque en feu,
Quand on fit à l'Hostel de Ville
Ce que nous défend l'Euangile,
Où cét honeste homme souffrit
Vn dommage dont il se rit.
Ce fut donc chez luy qu'auec gloire
L'Antimoine obtint la victoire
Sur vn venin presque infernal
Nommé rigal, ou reagal:
C'est l'arsenic, tantost rougeastre,
Et tantost de couleur de plastre,
Selon l'estat qu'il peut auoir
De la qualité du terroir;

Mais quelle que ſoit la miniere,
Le meilleur n'en vaut iamais guere:
Il ſert pourtant à quelques maux,
Qui perſecutent les cheuaux.
Pour cét effet deux de ſes hommes,
Aimans mieux le vin que les pommes,
En mirent exprez à quartier
Dans vn aſſez foible papier
Au coin de quelque cheminée
Par le temps fort examinée,
De maniere que chaque vent
Y tourbillonnoit fort ſouuent.
Dans ce coin quelque huguenote,
(Il faut qu'icy le Lecteur note
Que c'eſt certain pot à Paris,
Où l'on met chair, pois, laict, & ris,
Selon que la loy de l'Egliſe
Par des mets diuers les déguiſe.)
Ayant donc ce pot découuert,
Vn vallet laiſſa l'huys ouuert,
S'en allant chercher quelque herbage
Pour aſſaiſonner le potage.

Cependant

Cependant vn vent de midy,
Là-deſſus faiſant l'eſtourdy,
D'vne fougueuſe caracole
Fait que du coin de papier vole,
Et deſcend iuſques dans ce pot,
Comme balc en blouſe au tripot,
Mais pour porter la mort en croupe
A qui voudroit en manger ſoupe.
Dans ce pot qui boût, & reboût
Ce papier preſque ſe diſſoût,
Et comme vne eſcume legere,
Fait ſa ronde ſur le derriere;
Et ce valet à ſon retour,
Sans ſonger à ce mauuais tour,
D'vne maniere franche, & nette
Bruſquement ſes herbes y iette.
Voicy donc l'heure du repas,
Où chacun ſe rend à grands pas,
Non pour entendre quelque hiſtoire,
Mais pour ioüer de la maſchoire.
Quatre à manger des plus haſtez
Soudain ſe ſentirent gaſtez.

Par la qualité forcenée
De cette soupe empoisonnée,
Qui deschiroit leurs intestins,
Comme si quelques forts mastins
Eussent d'une dent acerée
Dedans leur corps fait leur curée
Aussi-tost ce mal furieux
Gagne le haut, paroist aux yeux,
Et tourne en grimace sauuage
Les lineamens du visage,
Ainsi qu'à ce phantosme affreux,
Qu'on voit au Cloistre des Chartreux;
Crayon, pourtrait, histoire, ou fable
D'un Chanoine tres-venerable.
Leurs ventres sembloient des tambours,
Et l'on ne parloit qu'à des sourds,
Quand le plus familier langage
Leur disoit qu'ils prissent courage.
Les autres, au lieu de manger,
Tous interdis de ce danger
Courent, l'un chez l'Apothicaire,
L'autre chez Monsieur le Vicaire,

Pour tesmoigner leur charité
Dans vne telle extremité.
Elle fait que d'vn pas alaigre
Quelques-vns portent du vinaigre,
D'autres vont chercher promptement
Quelque efficace lauement,
Et mesme diuerses essences
Conformes à leurs connoissances:
Mais d'autres par vn bon hazart
Inuoquent l'esprit de Theuart,
Medecin, dont l'ame ingenuë
Est d'vne probité connuë.
Ce fut lors, qu'auec grand succez
Il dompta le funeste excez
De cette espece insupportable,
Dont la force est presque indomptable.
Demandez-vous par quel moyen
Il fut cause de ce grand bien?
Ce fut par ce vin salutaire,
A qui le Blond est si contraire,
Parce qu'il ignore le fruit
De son vsage bien conduit.

Dans ces corps il fit des merueilles,
A qui peu d'autres ſont pareilles,
Et par vn glorieux effort
Les tira des mains de la mort,
Dont leurs facultez oppreſſées
Eſtoient bien fort embarraſſées;
De ſorte que le lendemain
Vn chacun d'eux gaillard, & ſain
Reprit ſon trauail ordinaire,
Et fit ce qu'il auoit à faire,
Sans ſe laſſer de publier
Vn remede ſi ſingulier,
Preſque ſemblable en cette cure
Au puiſſant Moly de Mercure,
Quand par ſa celeſte vertu
L'art de Circé fut combatu,
Ayant par vn noir malefice
Fait des porcs des ſoldats d'Vlyſſe.
  O que noſtre petit reſſort
Eſtoit fauoriſé du ſort,
Lorſque VALOT *heureux, & ſage*
L'honoroit de ſon voiſinage!

Ie parle du quartier susdit,
Où tres-grand deuint son credit
Par des cures aussi notables,
Que sinceres, & veritables,
Qui glorifioient hautement
Ce Stibial medicament.

Ce composé si plein de grace;
Cette belle, & sage Borace
Pourra bien icy, s'il luy plaist,
Authoriser ce qui en est.
Son œil si vif deuenu fade
Monstroit bien qu'elle estoit malade
D'vn mal interne, chaud, ou froid,
Que quelque viscere souffroit.
En effet, c'estoit par le foye
Qu'elle auoit perdu toute ioye,
Parce qu'il ne fournissoit pas
Vn sang digne de ses appas,
Et gastoit son teint legitime
D'vne aquosité cacochyme.
La tristesse faisoit séjour
Sur ce front, le thrône d'amour,

Et ses beautez, comme éclypsées,
Paroissoient des roses passées.
L'Hydropisie estoit apres
A demolir tous ses attrais,
Et tenoit fort, comme en son centre,
Dans le beau milieu de son ventre.
Ce Medecin tant recherché
Fut de cét accident touché,
Et dans l'estime non petite,
Qu'il tesmoignoit de son merite,
Dont il connoissoit bien le prix,
Il n'est rien qu'il n'eust entrepris,
Soit de trauail, soit d'industrie,
Pour pouuoir la rendre guerie.
Qu'ordonna-t-il pour ce suiet ?
Fit-il vn ennuyeux proiet
De ces remedes ridicules
De tant de vieux cheuauche-mules ?
Luy-mesme fournit à l'instant
Vn remede tres-important
D'vne poudre Antimoniée
De la bonne main maniée,

Par qui le mal fut supplanté ;
Par qui triompha la santé,
Par qui l'embonpoint, & la grace
Sur son teint reprirent leur place,
Et ses yeux reprirent leur feu,
Non tout à coup, mais peu à peu.
Car il fallut plus d'vne prise
Pour l'effet d'vne telle crise.
Apres ces tenebres d'ennuis,
Cette belle a paru depuis
Aussi vermeille que l'Aurore,
Aussi gracieuse que Flore,
Et dans vn lustre aussi galand
Que la maistresse de Roland,
Qu'Arioste a si bien coiffée,
Qu'on la prendroit pour vne Fée.
Permettez-moy, braue PINON,
De qui la Muse aime le nom
Graué des mesmes caracteres
Dont Phœbus escrit ses mysteres,
De griffonner comme en passant
Vn autre exemple assez recent,

Qui regarde vostre famille,
Où de tous temps la vertu brille.
La femme de ce Senateur
Eloquent de belle hauteur
Auoit un frere fort aimable
Dans un estat tres-deplorable.
Son temperamment attaqué
D'un mal sombrement compliqué
Faisoit estrangement la nique
A la methode Galenique.
Force dia, force bolus
Alliez de Diabolus,
Drogues tant seches, qu'infusees,
Qui font faire maintes fusees,
Tant par le haut, que par le bas,
L'auoient mis proche du trespas,
Et sans chercher du mal la source,
N'auoient rien purgé que sa bourse,
Les Medecins n'y venoient plus,
Iugeans leurs trauaux superflus
Sur un sujet que plusieurs marques
Rangoient au domaine des Parques.

Cette Dame pleine de deüil
De voir condamner au cercueil
Ce frere que si fort elle ayme,
Veut tenter [illegible] effort extrême.
Le vin Emetique luy plaist,
Ayant oüy dire qu'il est
A l'homme prest de rendre l'ame
Ce qu'aux cerfs blessez le dictame:
C'est à dire au peuple menu,
Qu'il est un remede ingenu
D'une vertu presque diuine,
Pour retarder la mort voisine.
Mais difficile est ce moyen
Sur ce corps qui ne prend plus rien.
Ses dents estroittement serrées,
Semblent estre comme enferrées,
Et nul ne les ose forcer
D'admettre, ou de laisser passer
La moindre goutte de breuuage
Dans le canal de l'œsophage.
Toutefois ce cœur genereux
Inuente un stratageme heureux.

Sa teste luy semblant trop haute,
L'oreiller de dessous elle ôte,
Puis luy serrant les deux nazeaux
De deux doigts delicats, & beaux
D'vne main qui n'est pas de plastre,
Mais qui dispute auec l'albastre,
Il fut forcé de desserrer
Ses dents pour pouuoir respirer;
Aussi tost cette sœur zelée,
Luy fait entre bond, & volée
Aualler de cette boisson,
Qu'on dit qui tûroit vn Samson;
Boisson plus par les bons vantée,
Que des meschans décreditée:
Boisson, qui dans sept, ou huict iours
L'enuoya promener au Cours;
Le remit, & rendit capable
De faire dix raisons à table,
Et de faire par tout ailleurs
Son deuoir au prix des meilleurs.
Qu'en dit le Sieur de Rataboye,
Ce Cadet de l'aisné d'vne Oye,

Ce pauure Calomniateur
D'vn riche, & bien-disant Autheur?
Qu'en peut dire son Elogiste,
De Plaute le foible Copiste?
Qu'en diront ces autres faquins,
Rapetasseurs de vieux Boucquins,
Tournans Vrgande, & Melusine
En tres bas latin de cuisine,
Familier aux seuls marmitons
Hauts Allemans, ou bas Bretons?
Cette cure si signalée
Meriteroit d'estre estalée
Aux plus beaux yeux de l'Vniuers
En vne autre sorte de vers:
Mais comme icy ie ne m'applique
Qu'au recit historicomique,
Bientost vn plus haut Escriuain
Y mettra la derniere main.
Colletet d'vn air noble, & rare
Sa plus belle verue prepare,
Pour descrire pompeusement
Chaque celebre euenement

Dont le renom hautement vole
Parmy la Stibienne Escole,
Où l'on fait si bien conceuoir
De ce plomb l'illustre pouuoir.
Mercier, ta Muse docte, & nette
Paroistra-telle icy muette,
Et souffrira tu qu'vn Blereau
Mette tes vers sur le carreau,
Comme on feroit quelque denrées
D'vn bon debit mal asseurées?
Ton latin si pur, & si doux,
Qui chocque son cerueau jalous,
Le reduit iusqu'à la manie;
Et change en fureur son genie,
Qui n'eut iamais rien que de vil,
D'insuffisant, & d'inciuil,
Rampant tousiours dans la bassesse
D'vne ame pleine de mollesse,
Que son caprice effarouché
A de plusieurs blâmes taché.
Robynet, tu m'as fait connoistre
Que tu voulois faire paroistre

Ce barbare & fat Medecin
Plus ſale qu'vn ſale baſſin,
Puiſque ſa plume diffamée
Bleſſe ſi fort la renommée
Des hommes les mieux acheuez
Que Caſtalie ait abreuuez.
Pourrois-je icy faire vne poſe ?
Ie le voudrois bien, mais ie n'oſe,
Voyant qu'vn rare & digne objet
Me preſcrit vn nouueau ſujet.
C'eſt qu'vn de mes amis me preſſe
De crayonner vne Princeſſe,
En qui la vertu ſe fait voir,
Comme en ſon plus noble miroir;
Mais crayonner d'vne maniere
Qui ſans doute ne me plaiſt guiere,
Puis qu'il faut voiler ſa beauté
D'vn nuage d'infirmité.
Elle eſtoit certes miſerable,
Cette Princeſſe incomparable;
Et ſa miſere procedoit
D'vn mal qui ſon corps poſſedoit

Depuis les pieds iusqu'à la teste,
Excitant par tout la tempeste:
Non pas qu'elle eust le mal afreux,
Qui couuroit Simon le Lepreux,
Ny que son teint plus net qu'opale
Fût saly de la moindre gale,
Ny qu'elle eust le moindre leuain
De Sainte Reyne ou de Saint Mein.
I'attends qu'vn de ses gens me die
Le détail de sa maladie,
Que l'Antimoine, ce dit-on,
Chassa comme à coups de baston
De ce precieux tabernacle
Par vne espece de miracle,
Dequoy certains vieux ignorans
Ont eu des desplaisirs tres grans.
Apres quelque peu de relasche
Sur cet accident qui me fasche;
Apres m'estre vn peu promené,
Ie reuiens à vous, GVIMENE':
A vous, dis-je, braue Heroïne,
Qui payez d'esprit, & de mine,

Et dont la conuersation
Vaut vne rare instruction.
Quoy donc? vous verray-ie malade?
Non couchée en lict de parade,
Ny sur matelas de satin,
Mais comme exposée au butin
De l'impitoyable camuse,
Qui ne reçoit aucune excuse,
Quand elle destine au tombeau
L'objet de la Cour le plus beau?
Vous en auez, belle Amazone,
Comme on dit, tout au long de l'aune,
Et déja deux fois quinze iours
Ont mis vostre esclat en decours.
La fiéure qui vous persecute
Veut emporter de haute lute
Des biens pour qui la qualité
Meritent l'immortalité;
Et des biens de Dame Fortune
Ne met pas en bourse commune,
Sçachant qu'ils passent les ressorts
De ses ordinaires thresors.

I'entends cette haute prudence;
Cette agreable experience,
Et cet art de plaire à la Coür,
Sans habler ny contre ny pour:
Cette deuotion sincere,
Dont Sathan seul est l'aduersaire;
Ce fort, & joyeux entretien,
Autant poly, qu'il est Chrestien,
Et tant de pieces d'vn cœur mâle,
Qui ne sont pas pieces de bale;
Comme celle de ces estuis,
Dont mal ornez sont les pertuis.
Vne excessiue diarrhée,
Auec la fieure conjurée,
La rendant seche comme bois,
La mettoit aux derniers abois.
Trente accidens symptomatiques,
Vaches à laict pour les boutiques;
Non pour celles des patissiers,
Mais pour celles des Officiers
De la noble Pharmacopée,
Portoient le dernier coup d'espée,

De poignard, ou de pistollet
Dans son sein à demy violet.
Dans ses yeux regnoit l'ophtalmie,
Dont la lumiere est l'ennemie.
Leurs nerfs optics demy-bouchez
D'vne humeur visqueuse entachez
Formoient impuissance actuelle
Dans la faculté visuelle.
Vn amas de serositez
Accabloit d'autres facultez.
Deux cens tintoüins dans les oreilles
Luy causoient de fascheuses veilles;
D'importuns estourdissemens
Luy laissoient peu de bons momens:
Et sans parler par synecdoche,
Dans son sang brulé la Synoche
Portoit sans trêue, ny repos
Le bout des ciseaux d'Atropos.
Ces termes du Gregeois ramage
Veulent dire en nostre langage
Que la fiévre alloit en chaud mal,
Comme aux cendres le carnaual.

Si son Medecin ordinaire,
Tres fin Normand comme son pere,
Se vid iamais bien empesché,
Bien penaud, bien embarassé,
Ce fut certe en cette rencontre,
Qui faisoit moins pour luy que contre;
Car dans cet Hostel desolé
Vn chacun luy crioit tollé.
Par ma foy, dit vne suiuante;
Par sainct Iean, dit vne seruante;
Par la marbleu, dit vn vallet,
Il faut luy couper le chiflet
A ce beau Medecin d'eau douce.
Aussi mal propre que sa housse,
Aussi mal habile Orateur
Que son cheual present porteur.
Nous voyons nostre bonne Dame
Que le trait de la mort entame
Faute de consulter quelcun
Qui soit au dessus du commun,
Et de la route triuiale,
Qui rien que sottises n'estale.

Faiſons venir Monſieur Vautier ;
C'eſt vn braue homme en ce meſtier.
On dit à l'Hoſtel de Cheureuſe
Que ſa methode eſt merueilleuſe,
Et que ſon ſecret eſt ſi beau,
Qu'il tire les morts du tombeau
Par vne liqueur ſouueraine,
Qui fait pourtant vn peu de peine ;
Mais la ſanté bien toſt aprés
Gagne & reprend ſes interés.
C'eſt ce vin qu'on nomme Emetique,
Qui fait à la caſſe la nique,
Auſſi bien qu'au leger ſenné
En vain ſi ſouuent ordonné.
Quoy qu'on ne parlaſt qu'à voix baſſe,
Ce diſcours à l'oreille paſſe,
Non pas du chat, mais de ce corps,
Qui prenoit le chemin des morts.
Quand vn corps vers ſa fin decline,
L'oüye aſſez ſouuent s'affine,
Et fait beaucoup mieux ſon deuoir
Que le beau ſens qui nous fait voir.

Il semble qu'exprez la nature
Laisse libre cette ouuerture,
Pour entendre quelque discours
Qui parle d'vn dernier secours.
La malade veut qu'on luy nomme
Plus d'vne fois cet habile homme,
Dont on parle en si bonne part,
Comme d'vn Phenix en son art.
Entendant qu'on en dit merueille,
Son espoir soudain se réueille,
Et se flatte d'vn préjugé
De son mal vn peu soulagé.
Monsieur donne ordre qu'on le mande,
Nonobstant sa charge tres grande
De premier Medecin du Roy,
Et d'homme qui n'est pas à soy.
Qu'on n'espargne ny bien, ny peine,
Ny mesme le sang de mes veines,
Dit ce bon Seigneur plein d'esprit
Autant qu'aucun Pere Conscript,
Senateur, Cheualier, Quirite,
Tousiours naïf, point hypocrite;

Et pour en bref trancher le mot,
Bon Catholique, & point cagot.
Courez viste Monsieur le Maistre,
Et nous faites bien tost parestre
Ce grand VAUTIER *si renommé,*
Par qui tout mal semble charmé.
Autre fois nous auons fait chere
Chez la defuncte Reyne Mere,
Et voyant vn mot de ma main
Il n'attendra pas à demain.
Lors expediant vne lettre
En bonne prose, & non en metre,
Comme celles du sieur Scaron,
Plaisant truchement de Maron,
A qui l'humeur chaste, & docile
Fit donner le nom de Virgile:
Il en chargea ce noble Exprez,
Qui la rendit bien tost aprez
En propre main, car à main propre
Ie ne sçay point de rime propre.
Cet homme en sçauoir eminent
Part & vient tout incontinent

En cet Hostel où la Princesse
Par son mal semoit la tristesse,
Et le semoit n'en sçachant rien
Chez plusieurs autres gens de bien.
Qui crioient helas ! c'est dommage
De voir perir si belle image :
Est-il possible que le Ciel
Puisse pour elle auoir du fiel ?
Que fait VAUTIER *quand il arriue ?*
Paroist-il soû comme vne griue ?
Rote-til comme vn Allemant ?
Parle-til inciuilement ?
Descrit-il la guerre de Troye ?
Raisonne til en Rabat-ioye ?
Et contrefait-il le caquet,
Ou du Merle, ou du Perroquet ?
Il ne mouche, tousse, ny crache ;
Il ne flatte point sa moustache,
Comme fait ab hoc & ab hac,
Vn Docteur amy du tabac,
Dont le bien & la renommée
Sont par luy reduits en fumée,

Si bien que tous ses creanciers
Se battent pour vn demy-tiers.
D'abord la Malade il console,
Et d'vne agreable parole,
Ie iuge, dit-il, à vos yeux,
Qu'en bref vous vous porterez mieux.
Mais en charmant son esperance,
Il ne dit pas ce qu'il en pense,
Car selon les regles de l'art
Elle court vn tres grand hazart.
En tel hazart qui ne hazarde
Merite bien qu'on le nazarde,
Et passe plus pour assassin,
Que pour scrupuleux Medecin.
Vn Medecin iamais n'excede
Donnant à grand mal grand remede.
L'Antimoine estant iugé tel,
C'eust esté gros peché mortel
De ne le pas mettre en vsage
Au poinct de ce dernier naufrage.
Il y seruit heureusement,
Car (maudit soit-il qui en ment)

Il desopila le pylore,
Et fit au mesentere esclore
Vn mouuement inusité
Auant-coureur de la santé,
Qui s'auançant tousiours en suite
Mit cette maladie en fuite,
Comme l'Eau Benite, & la Croix
Chassent le Diable assez de fois.
N'est-ce pas fait? que de memoires!
Mon Dieu! voila bien des histoires
De Comtes, Marquis, & Barons,
Tous gens d'honneur, point fanfarons,
Comtesses, Baronnes, Marquises,
Personnes de vertus exquises,
Qui veulent que ie fasse cas
De leurs beaux noms dans ce tracas,
Et dans cet embarras d'affaires
Que i'ay pour les Apothicaires,
Qui m'apportent de tous costez
Des billets signez, & datez
De la main de plusieurs faussaires
Qui veulent confondre leurs freres,

Et qui concluans par ergo,
Donnent l'Antimoine à gogo.
Messieurs vn peu de patience,
Qui, comme on dit, passe science;
Ie vous promects qu'en peu de temps
Vous serez de moy tres contens.
Ma veuë est vn peu r'allentie;
Attendez vne autre Partie.

CONTRE VN IMPIE ET FADE SATYRIQVE, ennemy simulé de l'Antimoine.

FOVGVEVX, & superbe Pedant,
Qui rottes des vapeurs d'yurongne,
Quel prurit de mauuaise rogne
T'a rendu Cynique mordant?

Es-tu donc guery de ta faim,
Que causoit la cherté des viures,
Lors que tu baillas six gros Liures
Pour autant de liures de pain?

Ton style barbare, & cheti
Nous fait croire sans raillerie,
Que tu reuiens de Barbarie,
Comme vn miserable Captif.

Ayant, peut-estre, exercé l'art
D'escrire auec la grande plume,
Tu nous menaçois d'vn Volume,
Où chaque science auroit part.

Nous pensions tomber à l'enuers
Du coup d'vne Muse aguerrie,
Mais ta veine toute pourrie
N'a produit que de vilains vers.

Estant par tout estropiez,
Autant de sens que de cadence,
Il leur faudroit vne potence,
Pour soulager leur mauuais piez.

Apres auoir agy fort mal
Parmy d'assez bonnes affaires,
Tu t'es fait l'vn des Secretaires
Du Roy du climat infernal.

Tant de noires expressions
De sa famille soûterraine
Tesmoignent bien que son domaine
Est le fonds de tes pensions.

Estant fort connu dans ce lieu,
Tu n'es point mordu de Cerbere,
Et ton commerce auec Megere
Te rend fauorable ce Dieu.

Quand pour masquer ta passion,
Tu prens le STIMMI *pour pretexte,*
Ta glose est pire que ton texte,
Et ton cœur que ta fiction.

A ne te rien dissimuler,
Digne fils d'vn fantasque Incube;
Ta Muse deuient comme Hecube;
Elle aboye au lieu de parler.

GVENAVT *& l'Illustre* VALOT
Contre qui s'escrime ta rage,
Ne manqueront pas de courage
Pour te reduire au dernier mot.

Puisque tu declames si fort
Contre la fameuse Chimie,
Enseigne nous l'Anatomie,
Mais que ce soit sur ton corps mort.

AVX MEDECINS CONIVREZ contre l'Antimoine,

SONNET.

HAbleurs mal conseillez, impertinens Critiques,
Tous paistris d'ignorance, & de mauuaise foy,
Auez-vous bien le front d'oser faire la loy
Aux plus grands Medecins par vos vieilles rubriques?

Vos discours decrians les secrets metalliques
Sont de si peu de poids, & de si bas alloy,
Que le party des bons voit croistre son employ
Par les succés heureux des drogues Emetiques:

Vostre Plaute éborgné, ce Cerbere interdit,
Qui se fâche de voir l'Antimoine en credit,
Ne peut luy faire tort par ses abois profanes;

Mesme ce Mineral prend vos gens pour garands,
*Auoir fait parmy vous philosopher * trois ânes,*
N'est-ce pas auoir fait des miracles bien grands?

*Autheurs de trois Libelles diffamatoires intitulez *PITHOEGIA, ANTILOGIA*, & *ALETHOPHANES*.

SVR LA COMPARAISON DE DEVX VIEILLARDS Calomniateurs de l'Antimoine, & des deux accusateurs de Susanne;

SONNET.

RARE & chaste Beauté, quand tu fus poursuiuie
Par ces deux faux Vieillards qui te pressoient si [fort,
Tu te vis sur le point de souffrir double mort.
Et de perdre à la fois & l'honneur, & la vie;

Deux autres tous pareils par vne noire enuie
Font contre l'Antimoine vn insolent effort,
Et taschans de couurir leur infame transport,
Disent que l'adultere a sa pudeur rauie:

Tes vertus sans reproche obligerent le Ciel
A susciter contre eux le ieune Daniel,
Pour conuaincre, & punir leur brutale iniustice;

Vne inuincible erreur tient ceux cy possedez:
Que le Ciel fasse au moins connoistre leur malice,
Et qu'ils soient confondus, s'ils ne sont lapidez.

CONTRE VN IMPERTINENT AVTHEVR MEDECIN, Calomniateurs des Approbateur de l'Antimoine,

STANCES.

GErence a fait, dit-on, vn Liure fort nuisible,
Qui choquãt cent Docteurs les sape & les destruit:
On se trompe, ce Liure est tellement paisible
Que l'Imprimeur se plaint qu'il ne fait point de bruit.

Son style de lourdaut est vn mauuais Icare,
Qui ne sçait pas l'essor de la perfection;
Mais comme il sort des mains d'vn Autheur tres-barbare,
Chacun en doit auoir quelque compassion.

Il se donne à bon droit le nom de Rabajoye;
Sa presence en tous lieux n'est qu'vn objet d'horreur:
Et ce Corbeau qu'en Gréue on voit treuuer sa proye
Porte dans les esprits beaucoup moins de terreur.

Il fait à l'Antimoine vne horrible grimasse,
Se seruant en tous maux de remedes grossiers:
En toute occasion il donne de la casse,
Soit aux febricitans, soit à ses creanciers.

Le mot de Recipé dans sa bouche est tres rare ;
Faute dequoy souuent on vient l'importuner ;
Et mesme en ordonnant il passe pour ignare ,
Puisque n'ayant point d'or il ne peut or donner.

On trouble son repos en diuerses Iustices ;
Comme en la Medecine il a troublé la paix :
Son Liure malheureux sera pour les espices ,
Iusques à ce qu'il ait pour satisfaire aux frais.

Paradoxe important , Symptome inconceuable !
Sans qu'il soit bien malade il a fort à souffrir :
Sa bourse est elle pas en estat déplorable ,
Puis qu'il faut le calcul pour la faire guerir ?

Ce n'est pas ce calcul tyran des vreteres ,
Qui se plaist à bastir son thrône dans les reins ;
Mais vn autre plus riche & profond en mysteres ,
Qui sçait guerir le cœur en passant par les mains.

Il en est dépourueu , comme d'expèrience ;
Si tost qu'il veut parler on l'appelle brutal :
Car sa bouche debite aussi peu de science ,
Que sa bourse est sterile en precieux metal.

Pour le mal de poûmon il sçait quelques recettes ,
Et pour faire cracher c'est vn grand Medecin ;
Mais quand vn Creancier luy parle de ses dettes ,
Rien ne peut l'exciter à cracher au baßin.

Son vilain ris tesmoigne vne mauuaise rate ;
Quoy qu'il soit satyrique il ne raille pas bien :
Ce qui desplaist en luy quand il fait l'Hippocrate ,
C'est que ses vieux excez l'ont rendu Galien.

Il a pourtant du feu : Bacchus, Venus, la galle
Ont laissé dans son sang un assez chaud prurit;
Mais ce qu'il dit & fait n'est bon que dans la halle,
Où l'on rencontre plus d'iniures que d'esprit.

C'est là qu'il a puisé son eloquence infame,
Qui sent plus le bourbier que le sacré Vallon;
Et la fureur des vers qui possede son ame
Vient du feu de Megere, & non pas d'Apollon.

Ayant fricassé tout, & perdu cens, & rentes,
Sabile se debonde en d'estranges excez;
Mais quand ses facultez seroient plus abondantes,
Il ne peut estre riche ayant perdu le sens.

Longtemps auparauant, sa foible renommée
Auoit souffert l'echec d'un naufrage honteux;
Si peu qu'il en restoit s'est reduit en fumée,
Car contre un le sergent, & le tabac sont deux.

Personne ne le plaint, chacun luy fait reproche
De ce qu'il ne tesmoigne aucun amendement :
Estre gueux comme Irus, & cherir la desbauche,
C'est aimer sa misere, & son aueuglement.

Après auoir medit de son excellent Gendre,
Que peut-on esperer de tout son procedé?
Ce seroit sans raison qu'on voudroit le reprendre:
Il faut l'exorciser ainsi qu'un possedé.

Vn borgne qui l'imite en sa bile effrenée,
Et qui fait en Latin ce qu'il fait en François,
Ressemble à ces oyseaux qui tourmentoient Phinée,
Ayant la plume sale, & sauuage la voix.

En quelque endroit qu'il porte ou le bec, ou la serre
Aussi tost il s'engendre vn dangereux poison,
Et iamais on ne vid ramper d'aspic sur terre
Qu'on deust apprehender auec plus de raison.

Ces deux conspirateurs empoisonnant leurs armes
Liurent à l'Antimoine vn scandaleux combat;
Mais son party plus fort mesprise leurs allarmes,
Et par des traits puissans leurs machines abat.

Ainsi le Rabatioye, ainsi l'Alethophane,
Et tout ce que leur rage enfante d'auortons
Font voir que leur genie est stupide, & profane,
Et qu'en la medecine ils ne vont qu'à tastons.

Pauures gens de senné, de casse, & de guimauue,
Dont la foible routine est en bute au mespris,
On ne vous void iamais consulter en Alcôue,
Ny raisonner en Cour parmy les bons esprits.

Vn simple homme de chambre, une femme de charge
En tels medicamens sont plus experts que vous:
Les noms des mineraux, le crocus, la litharge,
Vous sont des noms de monstre, ou de toupinambous.

Mais que di-ie? ô l'effet d'vne estrange malice!
Ils donnent l'Antimoine, & pestent contre luy:
Mesme ils se defairoient en face de Iustice,
Pour peu qu'vn vieux ioüeur retirast son appuy.

L'Autheur du Rabatjoye agit par tout de mesme:
Et comme il n'a plus rien, il prend de tout costé;
Car son rouge en bon-point deuiendroit bien-tost blesmi
Si quelcun sur ce point bridoit sa liberté.

Il en ordonne plus que ce[illegible]x qu'il veut combattre;
Ses griffons sont gardez en de celébres lieux;
Tandis qu'en apparence il fait le Diable à quatre,
Il dit à ses amis que c'est un don des Cieux.

Moreau, Merlet, Mathieu, Mentel, Patin, Fontaine
Charpentier, Morisset, Tulou, Capon, Bourgos,
Disent que ce fossile est une riche veine,
Quand ils parlent François, & parlent à propos.

Elle l'est en effect pour des gens qui sans fourbe
Marient la science auec la probité;
Non pas pour ces crapaux, qui rampans dans la bourbe,
Sont tousiours pleins d'ordure, & de malignité.

Par de honteux complots d'une aspre ialousie
Ils attaquent Theuart, Bedé, Rainssant, Guenaut:
Mais ceux cy craindroient-ils leur lasche frenesie?
Ses efforts sont trop bas, leur merite est trop haut.

Ils m'ont aussi picqué de leurs plumes impures,
Dont l'encre enuenimée a coulé sur mon nom;
Mais bien loin de ceder à de telles picqures,
Ie les ay renuersez comme à coups de canon.

D'un style Martial que le Parnasse estime
I'ay batu ces Geans qu'on ne pouuoit dompter:
I'ay dans mes magasins grec, latin, prose, & rime,
Et s'ils veulent se perdre ils n'ont qu'à persister.

CONTRE LE MESME AVTHEVR,

SONNET.

Vieux & rogneux Cheual, dont cent rudes estrilles
N'ont encor peu guerir l'aspre demangeaison,
Estant si fort rebelle au frein de la raison,
Les vers que tu produis se changent en chenilles.

Prenant des mots bourrus pour des pointes gentilles,
Tu contrefais le Cygne, & tu n'es qu'vn Oyson;
Vn stile mal plaisant, dur, & hors de saison
Soûtient ta foible muse à force de cheuilles.

Copieux magasin de sentimens brutaux,
Descriant sans suiet le safran des metaux,
Ta rage est odieuse, & ta plainte importune.

Pourquoy le despeins-tu comme vn cruel Tyran?
Tu deurois le loüer, voyant que ta fortune,
Faute de deux metaux, est reduite au safran.

MADRIGAL.

Docteur qu'on peut nommer la medisance méme,
Il faut vn grand remede à vostre mal extréme;
L'Antimoine y feroit vn salutaire effort:
Soumettez à son vin vostre obstiné genie,
Car la raison chez vous est presqu'à l'agonie,
Et le bon sens est deia mort.

RESPONSE AV SONNET DE P. EN FAVEVR DE MONSIEVR DE MAVVILLAIN.

SONNET.

POetereau du Pont-neuf, aussi lourdaut, que fourbe,
L'opprobre du Parnasse, & le fleau de ses loix :
Tu nous parois semblable & de plume & de voix,
A ces sales Canars barbotans dans la bourbe.

Ton * DELETERE *est fat, aussi bien que ta* * TOVRBE,
Et ton style moisi sent l'antique Gaulois ;
Les Antimoniaux t'ont reduit aux abois,
Et comme ton gros dos, ta fortune se courbe.

La Muse, que tes Vers inuoquent tant en vain,
Contre toy fauorable au braue MAVVILLAIN,
Prepare à tes forfaits de fort estranges peines.

Elle fait qu'Apollon te transforme en Pourceau,
Et que tu n'auras plus que des eaux tres vilaines,
Pour auoir profané celles de son ruisseau.

* Ce sont les termes à la mode de ce vieux Poete de Melusine.

CONTRE VN MEDECIN DETRACTEVR, QVI REGARDE DE TRAVERS LA prosperité de ses compagnons,

ANimal de loüage, importun Andabate,
Qui frappes sans sçauoir où s'adressent tes cous,
Ton esprit frenetique, & fortement ialoux
Est tousiours en fureur, de quelque air qu'on le flate.

Comme ces animaux qu'irrite l'escarlate,
Encor que son teint vif soit estimé de tous,
Tu te ronges de voir releuez parmy nous
Les effects merueilleux, dont l'Antimoine eclate.

Pour nous prouuer qu'il est vn venin si pressant,
Tu deurois opposer quelque argument puissant,
Et vaincre nos erreurs par quelque raison forte.

Quoy que les mieux sensez ne le iugent pas tel,
Faisant mourir de faim tous les gens de ta sorte,
Il est à leur egard vn poison tres mortel.

CONTRE LE MESME MESDISANT,

SONNET.

D'Où te viẽt, pauure Autheur, cette verue d'escrire,
Contre le sentiment de tes meilleurs amis ?
Quoy ? ton esprit si fier n'est pas encor soumis,
S'estant veu tant de fois en bute à la Satyre ?

Pense ta foible veuë auec un bon collire,
Pour voir en quel estat tes Libelles t'ont mis,
Tu vas estre inuesty de braues ennemis,
Et si tu ne te rens, tu n'auras que au pire.

Tes efforts sont rompus, tous tes gens sont défais ;
Fay donc que le Demon, qui te préte ses trais,
Te préte aussi le don de te rendre inuisible :

Ou bien pour te soustraire aux foudres de mes vers,
Qui te feroient perir d'vn supplice terrible,
Va-t'en auecques luy te cacher aux enfers.

A MONSEIGNEVR LE MARQVIS DE ROSTAING SVR LE DIFFERENT DE l'Antimoine.

SONNET.

IVdicieux Marquis, ne vous estonnez pas
De me voir inuesty d'vne troupe mutine
De gens fort mal nommez Docteurs en Medecine,
Prosneurs de la santé, mais fourriers du trespas.

Leurs fiers desseins, qui n'ont ny regle, ny compas,
Taschent en vain d'abatre vne drogue diuine,
Dont ma plume a prouué la qualité benine
Par des vers où la Cour a troué des appas.

I'ay berné hautement leur damnable artifice,
Et montré qu'on ne voit qu'ignorance, & malice
Dans les lasches fatras qu'ils ont produits au iour.

Le Roy mesme, en riant, a loüé mon ouurage;
Ainsi le Ciel me fait rencontrer à la Cour
Le vray contrepoison du venin de leur rage.

A MONSIEVR COLLETET, CONTRE VN POETASTRE MESDISANT, ET SANS NOM, ennemy de l'Antimoine.

SONNET.

Colletet, ie combats vn masque enigmatique,
Dont toute la substance est vn fresle accident,
Qui pour ne pas perir par vn crime éuident,
Prend vn tiltre aussi haut, que rare est sa pratique.

L'vn dit que c'est vn monstre amené de l'Affrique,
L'autre, que c'est vn Diable armé d'vn noir trident,
Qui soufle le venin de son gosier ardent,
Et iette vn feu mortel de son regard oblique.

Qui sçait s'il est infame, ou s'il a du renom?
Luy me me estant honteux de declarer son nom,
Dans sa categorie on ne voit point de bornes.

Est-il homme? est-il beste? est-il Ange? est-il Dieu?
De le manifester ie ne voy point de lieu;
C'est vn mauuais Demon, mais il cache ses cornes.

A MONSIEVR GVENAVT MEDECIN DV ROY,

Sur l'heureuse conualescence de sa Maiesté par ses soins.

SONNET.

GRand, & fameux GVENAVT, par quels heureux secrets
Rêplissez-vous la Cour d'une telle allegresse?
La fievre de mon Roy la gesnoit de tristesse,
Mais vostre aimable abord a fini ses regrets.

Les destins gouuernez par des ordres discrets,
Gardoient sa guerison à vostre docte adresse:
Par vous la Medecine ordonnant en Maistresse,
Rend le Maistre des loix soûmis à ses decrets.

Le Ciel, à vos conseils fondez sur la science,
Et sur une solide, & longue experience,
Ne pouuoit refuser un si bon resultat.

Par là, vostre sçauoir si richement éclate,
Que passant à la Cour pour l'Ange de l'Estat,
L'on vous nomme diuin, aussi bien qu'Hippocrate.

POVR LVY-MESME CONTRE SES enuieux.

SONNET.

Pauures chiens qui iappez d'vne triste maniere,
Pour tascher d'effrayer ce Lion genereux ;
Il en deuient plus fort, & vous plus malheureux,
Car s'auançant tousiours, il vous laisse derriere.

Sa foy, sa fermeté, sa conscience entiere,
Le rendent triomphant de vos vices affreux ;
La Fortune pour luy d'vn regard amoureux
A ses prosperitez ouure vne ample carriere.

Ses belles qualitez paressent en leur iour ;
Il se voit caressé de plus grands de la Cour,
Et sa haute vertu de tous biens est suiuie.

Vous estes mal fondez en vostre auersion ;
Tandis qu'il est l'obiet de vostre lasche enuie,
Vous n'estes que celuy de sa compassion.

A MONSIEVR RAINSSANT DOCTEVR EN MEDECINE, IVDICIEVX DISPENSATEVR DV vin emetique d'Antimoine,

SONNET.

DOux, & graue RAINSSANT, *visage Consulaire,*
De qui le grand MOLÉ *fit vn si digne chois,*
Quand il assuiettit son regime à vos loix,
Treuuant en vostre esprit de quoy se satisfaire.

Ce fut vn grand thresor que le bien de luy plaire,
Puis qu'il plut à la Cour dans les plus hauts emplois,
Et qu'il fut appellé d'vne commune voix,
Des plus rares vertus le parfait exemplaire.

Auiourd'huy qu'il triomphe entre les Bienheureux,
Faites reuiure en vous ses desseins genereux;
Tousiours de l'Antimoine il approuua l'vsage.

Vous auez bien de l'air de ses traits les plus beaux;
Gardez ses sentimens, ainsi que son visage,
Et l'on vous nommera second Garde des Sceaux.

A MONSIEVR DES-FOVGERAIS D. M. TRES EXPERT EN LA preparation de l'Antimoine.

SONNET.

Vous n'auez point suiet, Docte DES-FOVGERAIS,
De craindre vn ennemy, qui ne cherche que l'ombre;
S'il sert vos enuieux, s'il en accroist le nombre,
C'est que de vostre esprit il redoute les traits.

Plusieurs riches tesmoins de balustre, & de dais
Disent qu'en vostre vie on ne void rien de sombre;
Mesprisez donc ce fat, qui semblable au concombre,
Paroist moins aux lieux purs qu'il ne fait aux Marais.

Il n'abusera plus de vostre patience,
En cachant sa laideur d'vn masque de science;
Son art est sans effect, ses proiets sont destruis:

On iure qu'on l'a veu faisant la chatemite,
Chercher la verité dans certain trou de puis
Plus sale que celuy que sonda Democrite.

A MONSIEVR THEVART Docteur en Medecine, sur le different de l'Antimoine.

SONNET.

Theuart, vostre sçauoir qu'attaque l'imposture,
Et vostre probité que le vice combat,
Remporteront la palme en ce fameux debat,
Et vous rendront Illustre à la race future.

Vostre aueuglé ennemy, dont la seule peinture
Changeroit en effroy le plus ioyeux ébat,
Malgré ses mauuais mots empruntez du sabat,
Vous reconnoist vainqueur en cette coniuncture.

L'Antimoine asseuré sur de bons fondemens,
Doit sa plus grande gloire à vos raisonnemens
Qui preuuent d'vn bel air ses effects salutaires:

Ceux que vous conuainquez des bienfais de son vin,
Ou cesseront bientost d'estre vos aduersaires,
Ou se verront creuer de leur propre venin.

RESPONSE APOLOGETIQUE, au R. P. Carneau, C.

SONNET.

Carneau, dont le ſçauoir, la vertu, le merite
Sont des gages certains de l'immortalité,
Pour auoir ſouſtenu toûiours la verité,
Tu te vois attaqué d'vne langue maudite.

Quelle eſtrange fureur? quelle rage l'excite
A troubler ton repos, & ta felicité?
Eſt ce pour auoir mis dans vn rare Traitté,
En faueur d'vn Autheur, des eloges d'elite?

Comme tu deffendis le grand S. AVGVSTIN,
Nous voyons qu'auiourdhuy par vn heureux deſtin
*Tu fais auſſi le meſme à l'endroit d'*HIPPOCRATE:

Ton eſprit éclairé moienne vn double bien,
Et tu fais comme à Rome autrefois GALIEN,
*Quand il y combatit l'erreur d'*ERASISTRATE.

I. THEVART D. M. Orthodoxe.

A MONSIEVR LE VIGNON

Medecin de S. A. Madame la Du-
chesse de Lorraine,

SONNET.

INdustrieux VIGNON, *gloire de la Chimie,*
Par qui tu te fais iour dans les plus noires nuis,
Dont la sage Nature ait counert ses reduis,
On dit que ton sçauoir vaut une Academie.

Tu confons, & défais cette Secte ennemie,
Qui meine par le nez tant d'ignorans seduis,
Et rens par des discours eloquemment deduis
L'Antimoine vainqueur, & sa Secte affermie.

Aprés ce que tu dis de ce grand Mineral,
Il faut estre malin, pour en dire du mal,
Et mettre la raison en proye à l'insolence:

Pour nous y descouurir des miracles nouueaux,
Le feu de ton esprit surpasse en vehemence,
Aussi bien qu'en clairté, celuy de tes fourneaux.

REMER-

REMERCIMENT A MONSIEVR C.C.

IL est bien iuste que ma veine
Pour s'acquiter, se mette en peine,
De vous chercher vn Compliment,
Pour vous rendre grace humblement,
Sçauant CARNEAV*, dont le Genie*
Possede vne force infinie.
O que nay-ie des qualitez
Dignes de vos Ciuilitez !
Car vous promettre belle chose
En vers François, ou bien en prose,
Ce seroit par trop me vanter,
Et i'aurois bien à déchanter
Si ie pretendois de l'estime
En vous remerciant en rime,
Moy qui crois que c'est vn abus
De reclamer Monsieur Phœbus,
Comme de boire à la fontaine
Que la fable nomme Hypocrene,

Et de m'adresser aux neuf sœurs,
Qui pour vous n'ont pas des douceurs,
Ie ne sçay donc ce qu'il faut faire ;
Si ie dois parler ou me taire.
Et ie crois qu'il vaut beaucoup mieux
Aupres de vous baisser les yeux ;
Ce sera faire en homme sage
De parler d'un muet langage,
N'ayant pas assez bel esprit
Pour bien reüssir par escrit.

LE VIGNON. D.M.

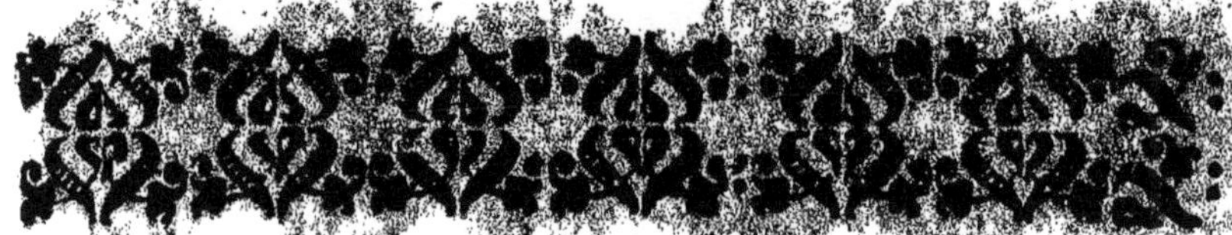

A MONSIEVR DE MAVVILLAIN,

DOCTEVR EN MEDECINE De la Faculté de Paris, & Professeur Botanique.

SONNET.

Braue DE MAVVILLAIN, *de qui la viue ardeur*
Renuerse les desseins des jaloux de ta gloire,
Plus ils sont obstinez dans leur malice noire,
Plus ton Courage augmente, & montre sa grandeur.

Ton humeur toute franche, & pleine de candeur.
Sur tous ces Lougaroux te promet la Victoire,
Et leurs noms qu'on verra diffamez dans l'Histoire,
Seront sous des pourtraits d'vn extréme laideur.

Ces malins dont le champ ne produit point de gerbes
Enragent de te voir professer l'Art des herbes,
Quand leur Secte n'a plus, muscle, nerf, ni tendon;

De les priuer de tout fay pourtant conscience;
Et pour guerir leur fougue errante à l'abandon,
Laisse leur les chardons auec la patience.

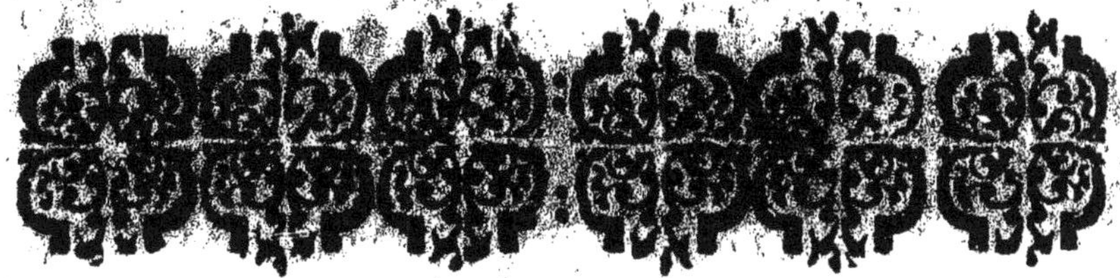

POVR MONSIEVR GVENAVT, SVR LA MALADIE du Roy.

SONNET.

LE plus aymable Roy qu'ait adoré la France,
Le plus digne Heros que nostre Siecle ait eu,
Languissoit dans un lit, & son corps abatu,
Faisoit par sa pasleur iuger de sa souffrance.

Celle qui met au Ciel toute son esperance,
Et de qui la tendresse égalle la vertu,
ANNE, voyant son fils d'un tel mal combatu,
Du secours des humains entroit en defiance,

A la Cour, où regnoit la tristesse & l'effroy,
On faisoit nuit & iour mille Vœux pour le Roy,
Quand l'illustre GVENAVT calma ce grand orage,

Il vient; il voit le Roy; l'entreprend; le guerit,
Tout pleuroit à la Cour, maintenant tout y rit;
Quel Dieu, quel Esculape, en eust fait dauantage?

SCARRON.

CONTRE VN MEDECIN AVTHEVR DV RABAT-IOYE.

SONNET.

FRanc galimathias, pitoyable lecture,
Dont le suiet est haut, & le style est traisnant,
Lasche, & premier essay d'vn vieux impertinent,
Dont le ventre tien fort du pourceau d'Epicure:

Quand vous parlez sans art des secrets de Nature,
Vous choquez cent Docteurs d'vn sçauoir eminent,
Et vostre aueugle erreur fait voir incontinent
Que leur source est sacrée, & la vostre est impure.

Iniurieux trauail d'vn meschant Poëtereau,
Qui prit pour me noircir la plume d'vn Corbeau,
Et pour ternir mon nom mit son honneur en proye:

Raisonnemens sans force, & discours sans eclat,
Vous estes iustement appelez Rabat-ioye,
Car rien ne fut iamais si triste, n'y si plat.

COLLETET.

CONTRE LE MESME AVTHEVR,

SONNET.

DOcte Mercier, docte Carneau,
Grauons ces paroles en cuiure,
Vn Pedant gasté du cerueau
En soixante ans a fait un Liure:

Quoy qu'il ne soit ny bon, ny beau,
Et ne merite pas de viure,
De peur que l'orgueil ne l'enyure,
Il faut le relier en veau;

Puisque sa teste est si mal faite,
Et qu'il est aussi peu Poëte,
Qu'experimenté Medecin;

Faisons en raillerie entiere,
Et le couronnons d'un bassin,
Car i'y trouue assez de matiere.

COLLETET.

RESPONSE A MONSIEVR COLLETET,

SONNET.

QVe vous cõbatez bien! que vos armes sont belles!
Qu'vn beau sãg boût encore autour de vostre cœur
COLLETET, vostre automne est de telle vigueur,
Qu'elle semble vn Printemps plein de graces nouuelles.

Cet Autheur-mesdisant, conteur de bagatelles,
Qui des neuf doctes Sœurs a noircy la liqueur,
Est contraint d'auoüer qu'il vous tient pour vainqueur,
Et que vous le percez par des pointes mortelles.

Auec rauissement i'ay leu vos deux Sonnets,
Aussi polis que forts, aussi hardis que nets
Contre ce vieux Docteur ignorant, & profâne;

A mon auis pourtant vous le faitez trop beau
Quand vous dites qu'il faut le relier en veau;
Permettez qu'vn licol le relie en basâne.

C.C.

A MONSIEVR CHARTIER MEDECIN DV ROY,

Descriuant les vertus de l'Antimoine,

SONNET.

Chartier, ce Plomb sacré, ce Remede sublime
A toute la science imposera des loix,
Comme tu le decris, & comm'en fait estime
Le premier Medecin du plus puissant des Roys:

L'ignorant par son Art ne fera plus de crime,
Si du present Celeste il sçait faire le choix:
Ce diuin Mineral tous les mourans anime,
Et répand dans les corps cent baûmes à la fois.

Il s'vnit aux Metaux, les succe & purifie;
Il fait suer, vomir, il purge, & fortifie;
Tirons-le de la terre, & léleuons aux Cieux.

Puis qu'en luy les vertus des Metaux se rencontrent,
Si les Metaux sont dieux cõme leurs noms le montrent,
Doit-on pas auoüer qu'il est le Dieu des dieux?

BEYS.

A MONSIEVR GVENAVT.

SONNET.

GVenaut, de qui le front ne marque aucuns deffauts,
Qui tenez les secrets de toute la Nature,
Qui de tant de mourans pouuez chasser les maux,
Et dont iamais l'Esprit n'agit à l'auanture :

Sage qui gouuernez le Roy des Mineraux,
Et de vos enuieux mesprisez l'imposture,
Ie n'apprehende pas qu'on trouue rien de faux,
Dans cette veritable & viuante peinture.

Puis que nostre bonheur dépend du Souuerain,
Qu'il a de son Estat les resnes dans sa main,
Qu'il met de ses subiects la vie en asseurance :

Docte, & prudent, Guenaut, ie puis dire, & ie croy,
Qu'ayant si bien agy pour la santé du Roy,
Vous anés conserué le salut de la France.

BEYS.

A MONSIEVR THEVART DOCTEVR EN MEDECINE.

SONNET.

THeuart, de qui l'Esprit fort, & sçauant, & doux,
Soutient le Mineral au monde salutaire,
Les jaloux en fureur, qui mesdisoient de vous,
Par vos charmans Escrits sont contraints de se taire.

Ils ont esmû contre eux le genereux courroux,
Et ressenty les traits de nostre Solitaire,
Que les plus eloquents doiuent admirer tous,
Comme du Dieu des Vers le digne Secretaire.

Preparez, & donnez ce Remede Diuin,
Faites boire aux mourans vostre Emetique vin,
Par ses rares vertus, il peut rendre la vie.

Ce puissant Mineral, cét ouurage des Cieux,
Capable d'esclaircir & l'esprit, & les yeux,
Vous fait naistre des Vers, qui font mourir l'enuie.

BEYS.

RESPONCE A L'ILLVSTRE MONSIEVR BEYS.

SONNET.

Rare & puissant esprit, orgare de l'Histoire
Des Princes & des Roys, & des plus grands Guerriers,
Que mille beaux exploits ont chargé de Lauriers,
Ie suis trop honoré d'estre dans ta memoire.

C'est au docte CARNEAV, *comme à toy, que la gloire*
Doit dresser des Autels par de fameux cahiers,
Pour auoir terrassé des ennemis altiers,
Qui croyoient sans combat remporter la Victoire.

Il receut la santé par ce diuin Metal,
Et trouua comme toy, que loin d'estre fatal,
Il fait suër, vomir, & purge, & fortifie.

Lors que tu mets ce Plomb au rang des autres Dieux,
Ton beau raisonnement sans doute iustifie,
Que sa force, & tes Vers ne viennent que des Cieux.

I. Theuart D. M. Orthodoxe.

A L'ILLVSTRE CARNEAV CELESTIN DV CONVENT DE PARIS pres de l'Arsenal, contre les Ennemis de l'Antimoine. &c.

SONNET.

PErles des beaux Esprits, rare & brillant Carneau,
Qui d'vn Metal diuin, embrassant la deffense,
De ta plume à bonbec & de ton grand Cerueau
Déconfis le parti qui l'ataque & l'offence:

Quand ie te voy d'vn air & si fort & si beau
Comme un foudre tonner sur cette sotte Engeance,
Iusqu'à faire trembler son timide Troupeau
Dont ton sçauoir profond condamne l'ignorance:

Admirant ton Genie & riant de ces fats
Qu'auecque tant de gloire aujourdhuy tu combats,
Ie m'écrie, ô celebre & miraculeux Moine,

On void deux Arsenaux lors que l'on va chez toy,
L'vn pour exterminer les Ennemis du Roy,
L'autre pour foudroyer tous ceux de l'Antimoine.

Robynet de S. Iean.

RESPONSE SVR LE CHAMP A MONSIEVR ROBINET de S. Iean.

SONNET.

MEruueilleux Robinet, par qui l'eau d'Hippocrene,
Coulant en ma faueur noye mes enuieux,
Quoy que le plus modeste en deuint glorieux,
Ma Muse n'en est pas plus fiere, ny plus vaine.

Bien que vous la peigniés plus charmante qu'Helene,
Elle sçait que la vostre éclate beaucoup mieux,
Et par reconnoissance elle dit en tous lieux
Que mille dons du Ciel la font sa Souueraine.

Si pour vn Mineral, qu'on traite indignement,
Mes vers firent briller quelque raisonnement,
Les vostres me guidans m'y firent seuls resoudre:

Si donc en me parlant prés l'Arsenal du Roy,
Vous auez creû trouuer vn Arsenal en moy,
Vous en estes Grand Maistre, ayant fourni la poudre.

AVX ENNEMIS DE L'ANTIMOINE.

SONNET.

Malheureux Ennemis, bourus à triple estage,
Qui voulez condamner vn remede excellent,
Et qui par vn discours & fade, & turbulent
Tâchez de ruiner vn merueilleux ouurage.

Lasches, qu'on peut nommer la honte de cét âge,
Qui dans vôtre mestier n'auez aucun talent,
Qui ne debitez rien qu'vn ramage insolent,
Allez en d'autre lieux pour le mettre en vsage.

Allez fourber ailleurs, on vous connoit icy;
Tranchez là des sçauans & froncez le sourci
Si quelcun veut blâmer vostre foible cabale.

Si de ses ennemis quelcun veut se vanger,
Qu'il se serue de vous, troupe vile, & venale,
Vous les ferez mourir, sans vous mettre en danger.

Du Pelletier.

POVR LE R.P.C. ET MONSIEVR COLLETET.

AV MEDECIN P.

QVel transport fut iamais comparable à ta rage
D'oser ainsi t'en prendre à deux rares Esprits?
Crois tu dans vn combat lâchement entrepris
Pouuoir auec raison signaler ton courage?

Le Ciel leur a donné cent vertus en partage,
La force de l'esprit brille dans leurs écris,
Et ie n'en connois point qui ne cede le prix
A ceux, à qui ta plume osa faire vn outrage.

Arreste par raison ce vain emportement,
Oppose la prudence à ce débordement,
Que fait sur ton papier la bile iaune, & noire;

Tu ne peux sans affront plus long temps contester
Car la riche splendeur de leur sublime gloire
Te rendant plus obscur, les fait mieux eclater.

du Pelletier.

CONTRE LES CALOMNIATEVRS DE L'ANTIMOINE

SONNET.

MOnstres enuenimez de cholere, & d'enuie
Contre vn Decret signé par soixante Docteurs,
Petit nombre, osez vous choquer les grands Autheurs
D'vn Remede puissant, qui nous saune la vie?

Vostre secte aujourd'huy viuement poursuiuie
Voit reduire aux abois ses lasches imposteurs;
On deteste par tout ces Calomniateurs.
Et l'Antimoine y voit sa vengeance assouuie.

Comme il bannit de l'or toute l'impureté,
Il purge aussi le sang de sa malignité;
De ses seuls ennemis il destruit la memoire:

Son venin pretendu n'est que dans leurs esprits,
Et s'ils n'espreuuent pas ses effets pleins de gloire,
C'est qu'il est inutile à des membres pourris

HVREAV. D M.

CONTRE VN VIEVX MEDECIN, CALOMNIATEVR DE M.C.C. Qui auoit retourné & peruerti le sens de deux Sonnets de sa façon.

SONNET.

Retourneur de Sonnets, meschant Fripier de rimes,
En sçauoir comme en biens sterile de tout point,
Tu deurois retourner ton sale, & vieux pourpoint,
Et non pas regrater des ouurages sublimes.

Tes lasches procedez, tes soins illegitimes,
Qui font que l'impudence à tes malheurs se ioint,
Picquent cent beaux esprits à ne t'espargner point,
Pour donner à ton ame un remors de ses crimes.

Le genereux CARNEAV *t'a si bien combatu,*
Que ton noir attentat fait briller sa Vertu,
Et tes foibles assauts augmentent ses trophées.

Ta dépoüille ornera cet Hercule nouueau,
Et dans le rang confus des bestes estoufées,
Si tu n'es le Lion, tu seras le Pourceau.

L'AISNE.

CONTRE VN POETASTRE SANS NOM, QVI AVOIT RETOVRNE, & peruerti des vers du S^r.C.C.

SONNET.

Retourne à ton bon sens, Rapetasseur de rimes,
Et cesse d'irriter de rauissans esprits,
De qui toute la Cour admire les escris,
Car tu perdrois contre eux ton temps, & tes escrimes.

CARNEAV, *dont l'esprit fort, & les vertus sublimes*
Iettent par contrecoup ton nom dans le mespris,
Fait voir par des trauaux noblement entrepris,
Que comme ton humeur, tes vers sont cacochimes.

Décochant contre luy tes inutiles traits,
Tu relèues le prix de ses vers pleins d'attraits,
Qui chantent les vertus du Breuuage Emetique:

Les tiens qui vont rempant sans rime, & sans raison,
Font estimer ta veine aussi peu poëtique,
Que peu iuste en nommant l'Antimoine vn poison.

Thcuart D.M.

POVR MONSIEVR C.C. CONTRE VN MEDECIN impie, & Detracteur.

SONNET.

MAstin souuent batu, dont la vilaine gule
Iappe contre vn Heros Fauory d'Apollon;
Chocquant cet ornement de son sacré Vallon,
Tu le rens plus fameux, & toy plus ridicule.

Peut-on voir vn Pygmée attaquer vn Hercule?
Ou voir vn insensé defier vn Solon?
Encor que ton orgueil t'enfle comme vn balon,
Bien loin de tes desseins sa force te recule.

Tu pensois t'eriger en merueilleux Autheur,
Et parmy les Sçauans trancher du Dictateur,
Mais du feu de ses vers ta Muse est foudroyée:

Faire le Phaëton, c'est brauer à ton dam;
Ton ame, qui parest d'vn tel crime effrayée,
Tombera dans le Styx, & non dans l'Eridan.

Foucques D.M.

Fin de la premiere Partie.

FAVTES D'IMPRESSION *corrigées*.

PAge 49. vers 9. lisez *à deux cens*. p. 65. vers 4. *l. papier*. p. 79. vers 17. l. *qui pour leur qualité*, & vers 19. l. *que* p. 80. vers 21. l. *celles* p. 84. vers 17. l. *ny bien, ny peines*. p. 86. vers 3. l. *la* p. 93. verſ. 4. l. *rubriques*; & vers 10. l. *voir*; & vers 12. l. *garands*. p. 96. vers. 12. l. *calcul*, p. 124. vers 1. l. *Perle*. p. 126. vers 8. l. *d'autres*.

www.ingramcontent.com/pod-product-compliance
Ingram Content Group UK Ltd.
Pitfield, Milton Keynes, MK11 3LW, UK
UKHW020338230726
13925UKWH00003B/862